岩土工程与地质勘察技术研究

邓长培　著

东北林业大学出版社
Northeast Forestry University Press
·哈尔滨·

图书在版编目（CIP）数据

岩土工程与地质勘察技术研究 / 邓长培著. —哈尔滨：东北林业大学出版社，2023.6

ISBN 978-7-5674-3227-7

Ⅰ. ①岩… Ⅱ. ①邓… Ⅲ. ①岩土工程－地质勘探－研究 Ⅳ. ①TU412

中国国家版本馆CIP数据核字（2023）第120262号

责任编辑： 任兴华
封面设计： 鲁　伟
出版发行： 东北林业大学出版社
（哈尔滨市香坊区哈平六道街 6 号　邮编：150040）
印　　装： 廊坊市广阳区九洲印刷厂
开　　本： 787 mm × 1 092 mm　1/16
印　　张： 15.25
字　　数： 210千字
版　　次： 2023年 6 月第 1 版
印　　次： 2023年 6 月第 1 次印刷
书　　号： ISBN 978-7-5674-3227-7
定　　价： 63.00元

如发现印装质量问题，请与出版社联系调换。（电话：0451-82113296　82191620）

前　言

岩土工程是一项涉及范围非常广的工程，只有在设计施工之前进行有效的岩土勘察，才能保证工程施工更加合理、更加顺利。保证勘察的依据具有科学性、真实性，对岩土勘察资料进行合理的整理和编录，才能选取正确、合理的方法和手段进行勘察测试。地质勘察是我国岩土工程开展的重要基础，能够为工程提供施工所需的相关数据，并且保证施工的顺利进行，所以必须保证地质勘察的质量。

在建筑工程当中，地质勘察主要包括建筑现场水质勘察与施工现场土壤勘察。建筑工程中的地质勘察工作是一项非常重要的工作，在实际勘察过程中，需要建筑施工现场中的地质勘察人员具备非常高的专业素养，保证建筑地质勘察工作顺利开展。

本书主要对岩土工程施工和勘察进行详细的叙述，希望能够为相关工作人员提供参考。本书主要包括岩土工程施工、岩土工程勘察认知、岩土工程勘察前期工作、岩土工程勘察方法、工程地质测绘和调查、工程勘探与取样，以及现场检验和监测等内容。

在撰写本书过程中，作者参阅了大量的文献资料，引用了诸多专家和学者的研究成果，由于篇幅有限，不能一一列举，在此表示最诚挚的感谢。由于作者水平和时间有限，书中难免存在不足之处，敬请广大读者批评指正。

作　者

2023 年 6 月

目　录

第一章　岩土工程施工

第一节　水井施工技术

一、水井钻进技术

（一）水井定位的概念

水井定位是为实现钻井用水的目的，综合考虑水源、水量、水质、钻探、使用、费用、安全等因素，择优选取水井的位置。它是水井施工项目中的“两大风险”（定井风险与施工风险）之一，是事关项目成败的先决条件。水井定位通常要进行资料搜集整理和现场踏勘工作，有时需要重复交替多次查证，最后综合考虑确定水井的准确位置。资料搜集主要是搜集当地已有成井的相关资料，包括水井勘探、设计书、成井报告书、验收交接、使用维护等资料；搜集地质、水文、气象等地球物理特征资料，可以到资料室或档案室查找，也可到地质、水利、气象部门收集相关资料，还可以到现场搜集有用的信息资料。

现场踏勘是指到现场进行访测，开展地下水勘察和地面物探工作。到达现场，通过直接观测地层岩性和地形地貌，可以初步判读地质构造和水文补给条件，同时可以了解当地气候资料、水位变化、有无污染、施工条件以及社情民俗等情况。通过在较大范围的勘察，测定相关数据，推知地物地貌、地质构造，确定水域水层寻找水源。利用水源侦查技术方法进行地面物探，测得相关数据，进行分析推定各个位置的地下层含水情况。

地下水勘察技术发展在经历了地面物探阶段后，出现了航空物探勘察技术，其在浅层水资源调查、寻找古河床、区分淡水与海水的界线等方面效果非常好。随着卫星遥感技术的发展，热红外遥感图像技术和微波雷达主动遥感技术先后被应用于水文地质调查和地下水勘察工作，逐渐成为主要的探测手段。当今，RS（遥感）、GPS（全球定位系统）和GIS（地理信息系统）的相互结合形成“3S”技术，成为人类观测太空和研究地球的高新技术方法。

（二）地面物探技术方法

地面物探就是在地层表面利用地球物理勘探技术方法进行探水勘察，探测有无地下含水层，以及其深度和厚度，确定富水的区域位置。其技术方法种类大致包括：①电法勘探；②磁法勘探；③重力勘探；④地震勘探；⑤核放射探测技术；⑥地下电磁波技术。在一般水井的水源勘察中，使用最普遍的是电法勘探，近几年，EH-4电探法正逐渐被接受并成为常用方法。下面介绍几种电勘探法。

电阻率法：用电源建立电场，研究其电阻率变化，根据不同地质物质导电性的差别和含水构造与围岩之间的电阻率差异，推断地下含水层大体存在位置及含水量的大小概率。在物探找水技术中，电阻率法技术成熟，特别在寻找古河道、风化壳和风化裂隙、断层破碎带、溶洞溶隙、构造裂隙方面有优势。能够根据地质体的地质常识分析判断其物理性质和特异性，根据探测地层岩性沿横向和纵向的电性变化的不同，结合对地质构造的垂向变化异常反应明显的特点，如沿一条测线多布置几个测深点，则能很好地探明地质构造沿横向不同深度发展变化规律，确定岩溶、断层破碎带、构造裂隙的位置、走向分布、异常带的宽度，获取比较详细的地电断面结构特征，信息丰富，分辨地层能力比较好，勘探效果明显。而且电阻率法成本低、易作业、效率高、干扰小，对勘探结果进行统计处理和分析推断方便容易、简单清晰，是一种很好的物探找水方法。

激发极化法：激发极化法是向大地不间断地通电和断电，测量电极之间在供入电流或切断电流瞬间的电位差，进而测定其与时间变化的情况。通过观察和研究极化率参数，以不同物质激电效应的差异为基础，发现含水介质产生的激电异常来找水。按采用电流的形式可分为时间域和频率域激发极化法，前者使用直流电，后者采用交流电，都对供电电流要求较高。

EH-4 电探法：利用 EH-4 连续电导率剖面仪这种专门的仪器进行物探的方法。它是利用电流造成一个人工电磁场，在测量时再将该磁场融入天然电磁场，同时利用两种场源，同时接受电场和磁场的 X、Y 两个方向的数据，对数据曲线进行分析，利用大地电磁的测量原理，反演电导率在 X-Y 方向的张量剖面情况，运用二维曲线来判断地质构造和富水情况。这种方法运用简单方便，仪器测得数据相对准确，具有节能稳定、数据实时进行处理、绘制图像清晰明了等优越性，可以有效避免前两种方法布线跑极困难、劳动量大、效率低的不足（尤其深度加大、地面崎岖的情况下）。但由于其精度高，导线易受刮风和高压线的影响，采用土埋导线可以排除。

在通常的水井定位工作中，航空物探勘察技术和遥感勘察技术的结果在资料收集中能够找到，它只是给出一个较大区域的整体情况，为水井定位提供一个前期指导，具体确定水井的准确位置主要依靠地面物探来进行，因此，地面物探是开采供水井水源实际工作中的重要内容。

（三）水井钻进技术研究进展

在 1521 年前，开采水井主要是人工采用掘井的方式方法。1521~1835 年，人力冲击钻井法应运而生，人们利用了杠杆原理及自由落体的下落冲击作用来钻井。1859~1901 年，机械顿钻（冲击）法逐步代替了人力冲击，机械动力开始发挥作用，效率大大提高，破岩和清岩相间进行。

到 1901 年，旋转钻井发展成为一种成熟的新式钻进技术。依靠机械动力带动钻头旋转，在旋转的同时对井底的岩石进行碾压破碎，同时以循环钻井液来清洁破碎的岩石碎屑。

发展到现在，水井钻进技术和方法形式多样，分类方法也比较多，按照使用的循环介质可以分为泥浆钻进、泡沫钻进、清水钻进和空气钻进四类；按使用钻头常分为牙轮钻进和潜孔锤钻进两类；按工作原理可分为回转和冲击两类；按循环方式分为正、反循环两类；由于各种技术的优势不同，为提高钻进效率，通常情况下都是采用多种技术方法组合钻进，如泡沫气动潜孔锤正循环冲击回转钻进。

1. 泥浆钻井技术

以泥浆作为冲洗液的钻进方法，通常用牙轮钻头或牙轮组合钻头等，俗称泥浆牙轮钻进法。牙轮钻头工作时，多个牙轮在公转的同时进行自转，扭矩相对减小，切削齿在滚动中交替接触井底岩石，由于其受力面积小，产出压强比较大，容易钻进；切削齿数量较多，因而磨损量相对要减少，适应钻进地层范围较大。这是实际工作中一种最常用的普通钻进方法，操作相对简单，钻进稳定。

2. 泡沫钻井技术

利用高压力空气、水、泡沫剂形成均匀稳定的泡沫流体作为冲洗液的钻进技术称为泡沫钻井技术。由于泡沫密度低，黏性小，不会封堵破碎、裂隙发育地层中的水系，因此在该地层得到了广泛的应用。泡沫循环速度低，冲刷能力弱，且具有一定的薄膜黏性，适宜在易坍塌地层中应用。由于具有低密度流体钻进的优点，同时也兼备空气雾化钻进的优点，有效降低孔内事故的发生概率，可以在高原、戈壁、沙漠等干旱缺水地区应用，也可以在漏浆严重的情况下应用。

泡沫钻井技术由美国最早使用，发展于 1950 年左右，在地层稳定性不好且干旱缺水的内华达州钻井，开创性地使用了泡沫，泡沫的上返速度远远低于单纯采用空气钻进的上返速度，只需要空气的 1/20~1/10，对于护壁非常有利。此后，美国又在开采油层和永冻层钻进中进一步开展了对泡沫钻进技术的研究应用，在实践中取得了非常可观的效益，该技术逐渐成为一种主导技术。

在1960年初，苏联也加入对泡沫钻进技术的科学研究和开发应用。起初，只在油气井的修复钻进中进行试验。到了20世纪70年代，泡沫流变学理论产生，并在泡沫金刚石岩芯钻进试验中深入研究，而且涉及温度、压力等方面的影响。十多年后形成试验结论：采用泡沫在Ⅷ～Ⅹ级岩层中钻进，钻进效率、机械钻速、回次进尺都大大提高，提高百分比分别为25%、30%和22.5%，而且在消耗金刚石钻头上降低了28%，能量消耗方面降低了近23%，整体效益核算提高达34%。于是，世界上许多国家（德国、日本、英国等）迅速地开展应用研究，成为新技术开发的重要内容。

进入20世纪80年代，美国成功研制出100多种离子专用泡沫剂，针对不同的地层选择适用的种类，钻井设备也成套成系列，钻进技术也可以自动控制，实现了计算机操作。在雪夫隆公司的计算机控制系统中输入有关参数，如井径、井深、孔斜率、压力、转速、岩石、温度等，就能给出整个钻进过程中各个井段的有效控制参数，如泡沫的压力、流速、气液比等。泡沫钻进技术中流变学研究和应用取得了飞跃式的发展，美国处于世界领先地位。我国对泡沫钻进技术的应用研究比较晚，20世纪80年代，最先应用洗井、钻井的是在石油开采领域，接着煤炭部、地质矿产部开始着手这方面的研究。“七五”期间，国家设立了部级科技攻关项目，专门进行泡沫技术的试验研究，针对“多工艺空气钻探”项目，先后有原地矿部勘探技术研究所和多家地质学院等单位进行了攻关研究，并研制出了CD-1、CDT-813、ADF-1等多种类型的泡沫剂，生产并利用泡沫测试装置开展钻进技术工艺的试验，先后在甘肃、四川、河南等地进行了实际性探讨应用，极大地推动了此项技术发展。与此同时，山西和四川的部分工程队，尝试进行泡沫潜孔锤钻进，做了大量实际工作，取得了卓有成效的进步。

进入20世纪90年代后期，地矿部立项进行了水泵泡沫增压装置的研究。吉林大学研制出的泡沫增压泵，在实际应用中达到了90%容积效率的可喜成果。2000年，在宁夏地区实际开展试验工作，重点应用水泵增压泡沫灌注系统的试验研究，实现了 5 MPa 的增压效果。另外，吉林省在泡沫潜孔锤技术运用方面做出了特殊贡献。

3. 空气钻井技术

空气钻进是指以压缩空气或压缩气液混合物作为循环介质的钻进方法。此种技术的回转速度低，但钻进速度可以提高数倍，扭矩小、钻压小，钻具的磨损相对减少，一般不会发生井斜。由于不需要水液，因此可以在比较干旱缺水、寒冷时节、寒冷地区及永冻层钻进。高压气体的冲击岩体裂缝、冲洗孔底和返渣效果好，适宜完整基岩地层运用，在极硬、中硬地层中使用效果特别明显。其由于使用方便、钻进快速的特点，多次在煤矿和隧道塌方、瓦斯排放井抢险中得到推广运用。

4. 电动钻井技术

以电为动力源作用冲击器进行钻进，主要运用孔底电动冲击器。电磁式孔底冲击器以高能量电池为动力源，利用电磁理论和机电控制技术原理，操作者在地表可以控制其启动、冲击、调整和停止。由于它与冲洗介质、泵量、泵压无关，其主要部件均可密封起来，可以克服液动、风动冲击器的不足，特别适宜在复杂地层运用。电动钻井技术应用前景广阔，新型电磁式孔底冲击器的钻探效率提高显著，其技术手段的合理应用成为一项新的重要研究课题，目前应用的实例较少。中国地质大学李峰飞、蒋国盛等通过实验研究，在实际项目中将泥浆压力脉冲应用于孔底电动冲击器的遥控中，重点研究利用多种技术手段配合对电动冲击器的控制。泥浆压力脉冲的传输需要时间长，且人工控制泥浆泵可操控性不理想，自动控制技术需要进一步提高。

5. 几种钻井新技术

喷射钻井技术：喷射钻井技术通过钻机具将高压钻井液注入井内，利用高压液体射流自身的超高喷射速度和冲击能量的作用，在井孔底部产生一个巨大的冲击力，液体有效渗透岩石缝隙，对于破岩钻进非常有益。由于高压射流能及时充分清除岩屑，保证钻头直接全部作用井底地层，同时高压冲击流有助于井底岩石裂缝的扩张和延深，甚至直接破碎，因此，钻进速度快、钻头磨损少、钻头寿命延长，进尺就增大，减少因换钻头起下钻具的次数和时间，工期缩短效益高。

微波钻井技术：微波钻井技术利用超高频电磁微波作用在岩石上改变其物理特性，使其容易被破碎，进而有助于钻进。通过将一定频率和一定波长的超高频电磁波作用于岩体，使其内部带电的偶极子由无规则运动变为一定方向的规则排列，在交流电反复极化作用下，运动摩擦导致温度升高，岩体在水分蒸发、内部分解、膨胀等作用下被破坏。此外，微波加热既不需要对流、辐射、热传递过程，也不用介质传热，较好地利用加热改变岩石的物理性能，进而易于破岩。

激光钻井技术：激光钻井技术就是利用激光热裂、高性能特性，以井下小型激光器提供能量联合机械破岩，以传统方式携屑返渣的前瞻性钻井技术。此项技术涉及多学科的交叉配合和协同作用，有诸多问题需要研究和解决。当前，激光能量供给和激光头的保护已积累了丰富的经验，但仍然有广阔的研究发展空间。激光－气体机械联合钻井和激光激励汽化射流钻井技术为当前研究的两个重要内容，激光钻井技术的发展和推广需要其在生产实践中不断应用试验，研究探索仍有广阔的空间。

（四）钻进技术的选择应用

水井钻进是一项将人员、技术、设备、地质、需求和效益融为一体的系统性工作，其中每一个因素的变化都会影响甚至导致钻进的成败，钻进方法的选择应依据钻进情景来决定，尤其是技术参数的及时调整必须到位；特别是其地下隐蔽性较强的特点，决定了其过程的复杂和危险，钻进技术的选择应用尤其显得重要。制约水井钻进的先决因素如下。

（1）人员情况。

人是水井钻进施工任务的主动性关键因素。水井施工任务顺利安全、高效圆满地完成，必须要有一个英明果断、敢于负责的决策指挥组，要有一个学识深厚、经验丰富的地质钻探技术组，要有一支技能过硬、作风优良的实践操作队伍，要有一个文体食宿、材料购置的后勤保障组。

（2）地质情况。

不同的地质地层有其不同的特性，在岩石性质、矿物结构以及比例构造等方面各不相同，同时其物理特性（如强度、硬度、脆性、研磨性、可塑性）在不同的环境（压力、温度、湿度）下也会发生变化，因此在钻进过程中要考虑其影响，有针对性地选择与之适宜的钻进技术方法。

（3）设备情况。

水井钻进施工涉及的设备主要有水文钻机、钻具、泥浆泵、空压机、增压机、装卸及运输车、运水车、勤务保障车。钻机的技术指标及性能稳定情况直接决定了最大水井深度、井径、提升力、技术运用等要素，泥浆泵、空压机等性能直接影响水井钻进方法、成井工艺、钻井液的功效，附属配套设备同样制约施工开展。水井施工通常在交通不便的地方开展，施工期一般不会太长，经常需要越野机动，而且要满足抢险救灾、国际维和、反恐维稳特殊条件下的野外任务需求。

二、供水井成井技术

水井钻孔的成井工艺，包括钻孔结束后的冲孔、换浆、安装井管、填砾、止水、洗井和抽水试验等工艺过程。

1. 换浆

循环泥浆钻进时必须采用换浆。钻孔达到设计孔深后，往孔内注入优质稀泥浆，把孔内含岩屑的浓泥浆全部转换出来，最后注清水反复冲洗。

换浆方法：换浆时应从下而上进行，防止孔内上部泥浆稀释后岩屑沉淀封住井孔。

2. 下井管

下井管的目的：一是保护孔壁防止坍塌，二是阻止泥沙淤塞。

井管包括井壁管、过滤管、沉淀管三部分，常用的井管有金属管和非金属管两大类。

井壁管：井壁管保护含水层孔段的井壁，防止坍塌堵塞井筒，同时又防止有害杂质漏入井中，以保证水井的水质。目前常用的井壁管有钢质井壁管、铸铁井壁管、水泥管和塑料管等。

过滤管：过滤管安装在井内含水层位置，含水层内的水可以通过过滤管的孔隙流入井内，它的作用是防止含水层井壁因大量抽水而坍塌和阻止细小的砂粒涌入井内。

下管方法：应根据成井深度、井管材质强度、起吊设备能力等来确定。常用的方法是提吊下管法。要求在下管过程中要稳拉、慢放、严禁急刹车，下管遇到阻力时不得猛墩。

抽水试验是取得水文地质资料的重要手段，直接关系到钻孔质量的评定，因此，必须十分重视。抽水试验的目的：获取含水的渗透系数，查明下降漏斗和影响半径，取水进行全分析和细菌分析，鉴定地下水的水质。

3. 抽水试验

（1）抽水试验设备的选择。

抽水试验设备的选择，主要根据钻孔水位的深度、水位变化范围、漏水量、钻孔直径以及抽水设备技术性能等因素来确定。抽水试验设备有离心泵、深井泵、潜水泵、射流泵、空气压缩机。

（2）抽水时水量水位测量。

测量水量的工具有量水堰，按堰口形状不同可分为三角堰、梯形堰、矩形堰三种，其中三角堰用得最多。

第二节　桩基础施工技术

一、各种桩基础的特点及应用

按成桩方法来说，我们可以把桩基础分为两大类：预制桩和灌注桩。

（一）预制桩

多年来，钢筋混凝土预制桩是建筑工程传统的主要桩型。20 世纪 70 年代以来，随着我国城市建设的发展，施工环境受到越来越多的限制，预制桩的应用范围逐渐缩小。但是，在市郊的新开发区，预制桩的使用是基本不受限制的。预制桩总体来说具有以下特点：

（1）预制桩不易穿透较厚的砂土等硬夹层（除非采用预钻孔、射水等辅助沉桩措施），只能进入砂、砾、硬黏土、强风化岩层等坚实持力层不厚的深度。

（2）沉桩方法一般采用锤击，由此会产生一定的振动和噪声污染，并且沉桩过程会产生挤土效应，特别是在饱和软黏土地区沉桩可能导致周围建筑物、道路和管线等受到损坏。

（3）一般来说预制桩的施工质量较稳定。

（4）预制桩打入松散的粉土、砂、砾层中，由于桩周和桩端土受到挤压，其侧摩阻力因土的加密和桩侧表面预加法响应力而增大；桩端阻力也相应增大。基土的原始密度越低，承载力的提高幅度越大。当建筑场地有较厚沙砾层时，一般宜将桩打入该持力层，以大幅度增大承载力。当预制桩打入饱和黏性土时，土结构受到破坏并出现超孔隙水压，桩承载力存在显著的时间效应，即随休止时间延长而增大。

（5）建筑工程中预制桩的单桩设计承载力一般不超过 3 000 kN，而在海洋工程中，由于采用大功率打桩设备，桩的尺寸大，其单桩设计承载力可高达10 000 kN。

（6）由于桩的灌入能力受多种因素制约，因而常常出现因桩打不到设计标高而截桩，造成浪费。

（7）预制桩由于承受运输、起吊、打击应力，要求配置较多钢筋，混凝土标号也要相应提高，因此其造价往往高于灌注桩。

预制桩主要有以下几种类型：

①普通钢筋混凝土预制桩（R.C. 桩）。这是一种传统桩型，其截面多为方形（250 × 250~500 × 500）mm，这种预制桩适宜在工厂预制，高温蒸汽养护。蒸养可大大加速强度增长，但动强度的增长速度较慢，因此，蒸养后达到了设计强度的 R.C. 桩，一般仍需放置一个月左右碳化后再使用。

②预应力钢筋混凝土桩（P.C. 桩）。这种预制桩主要是对桩身主筋施加预拉应力，混凝土受预拉应力从而提高起吊时桩身的抗弯能力和冲击沉桩时的抗拉能力，改善抗裂性能，节约钢材。预应力钢筋混凝土桩具有强度高、抗裂性能好，耐久性好，能承受强烈锤击，成本低等优点，所以各国都逐步将普通钢筋混凝土桩改用预应力钢筋混凝土桩。P.C. 桩的制作方法主要有离心法和捣注法两种，离心法一般制成环形断面，捣注法多为实心方形断面，也可采取抽芯办法制成外方内圆孔的断面。为了减少沉桩时的排土量和提高沉桩灌入能力，往往将空心预应力管桩桩端制成敞口式。预应力管桩在我国多采用室内离心成型、高压蒸养法生产，其标号可达 C60 以上，管壁分别为 90 mm、100 mm，每节标准长度为 8 m、10 m，也可按需确定长度。我国预应力钢筋混凝土桩均为中小断面，大直径管桩尚处于试验阶段，产量也比较低。国外大直径管桩的应用则较为广泛。

③锥形钢筋混凝土桩。锥形桩在沉桩过程中能起到比等截面桩更强的对土的挤密效应，并可利用其锥面增大桩的侧面摩阻力，从而增大承载力。在桩身体积相同的条件下，其承载力可比等截面桩增大 1 ~ 2 倍，沉降量也降低。这

种桩一般长度较小，多用于非饱和填土等软弱土层不太厚、对承载力要求不太高的情况。

④螺旋形钢筋混凝土桩。这种桩基通过施加扭矩旋转置入土中，因而可避免冲击沉桩产生的噪声和振动污染。螺旋形可增大桩侧阻力和桩端阻力。当硬持力层较浅且上部土层很软时，可只在桩端部分设螺旋叶片，带螺旋叶片的桩端可用铸铁制成，用销子将其与钢筋混凝土桩管连接，或将铸铁的叶片装在预制混凝土圆柱上。

⑤结节形钢筋混凝土预制桩。这种桩型主要用于防止地震时地基土的液化。

⑥钻孔预制桩。采用这种桩型可以降低打桩时引起的振动和噪声污染，避免打桩时产生的挤土效应对周围建筑物的危害，以及克服打桩时硬层难以贯穿等问题。

（二）灌注桩

灌注桩的成桩技术日新月异，就其成桩过程、桩土的相互影响特点大体可分为三种基本类型：非挤土灌注桩、部分挤土灌注桩、挤土灌注桩。每一种基本类型又包含多种成桩方法。

施工实践表明，我国常用的各种桩型从总体上看，具有以下特点：大直径桩与普通直径桩并存；预制桩与灌注桩并存；非挤土桩、部分挤土桩和挤土桩并存；在非挤土桩中钻孔、冲抓成孔和人工挖孔法并存；在挤土桩中锤击法、振动法和静压法并存；在部分挤土灌注桩的压浆工艺工法中前注浆桩与后注浆桩并存；先进的、现代化的工艺设备与传统的、较陈旧的工艺设备并存；等等。由此可见，各种桩型在我国都有合适的土层地质、环境与需求，也有发展、完善与创新的条件。

二、各种桩基础的施工技术

在选择桩型与工艺时，应对建筑物的特征（建筑结构类型、荷载性质、桩的使用功能、建筑物的安全等级等）、地形、工程地质条件（穿越土层、桩端持力层岩土特性）、水文地质条件（地下水类别、地下水位）、施工机械设备、施工环境、施工经验、各种桩施工法的特征、制桩材料供应条件、造价以及工期等进行综合性研究分析后，进行技术经济分析比较，最后选择经济合理、安全适用的桩型和成桩工艺。

（一）钻斗钻成孔灌注桩

钻斗钻成孔法是20世纪20年代在美国利用改造钻探机械而用于灌注桩施工的方法，钻斗钻成孔施工法是利用钻杆和钻斗的旋转及重力使土屑进入钻斗，土屑装满钻斗后，提升钻斗出土，这样通过钻斗的旋转、削土、提升和出土，多次反复而成孔。

1. 该方法优点

（1）振动小、噪声小；

（2）最适宜黏性土中干作业钻成孔（此时不需要稳定液）；

（3）钻机安装简单，桩位对中容易；

（4）施工场地内移动方便；

（5）钻进速度较快；

（6）工程造价较低；

（7）工地边界到桩中心距离较小。

2. 该方法不足之处

（1）当卵石粒径超过100 mm时，钻进困难；

（2）稳定液管理不适当时，会产生坍孔；

（3）土层中有强承压水时，施工困难；

（4）废泥水处理困难；

（5）沉渣处理较困难，需用清渣钻斗。

钻斗钻成孔灌注桩适用范围较广，它适用于填土层、黏土层、粉土层、淤泥层、砂土层以及短螺旋不易钻进的含有部分卵石的地层。采用特殊措施，还可嵌入岩层。

3. 施工程序

（1）安装钻机；

（2）钻头着地钻孔，以钻头自重并加液压作为钻进压力；

（3）当钻头内装满土、砂后，将之提升上来，开始灌水；

（4）旋转钻机，将钻头中的土倾卸到翻斗车上；

（5）关闭钻头的活门，将钻头转回钻进点，并将旋转体的上部固定；

（6）降落钻头；

（7）埋置导向，灌入稳定液，护筒直径应比桩径大 100 mm，以便钻头在孔内上下升降，按土质情况，确定稳定液的配方，如果在桩长范围内的土层都是黏性土时，则可不必灌水或注稳定液，可直接钻进；

（8）将侧面铰刀安装在钻头内侧，开始钻进；

（9）孔完成后，用清底钻头进行孔底沉渣的第一次处理并测定深度；

（10）测定孔壁；

（11）插入钢筋笼；

（12）插入导管；

（13）第二次处理孔底沉渣；

（14）水下灌注混凝土，边灌边拔导管（直径口为 25 cm，每节 2～4 m，水压合格），混凝土全部灌注完毕后，拔出导管；

（15）拔出导向护筒成桩。

4. 施工要点

（1）确保稳定液的质量；

（2）设置表层护筒至少需高出地面 300 mm；

（3）为防止钻斗内的土砂掉落到孔内而使稳定液性质变坏或沉淀到孔底，斗底活门在钻进过程中应保持关闭状态；

（4）必须控制钻斗在孔内的升降速度，因为如果升降速度过快，水流将会以较快速度由钻斗外侧与孔壁之间的空隙中流过，导致冲刷孔壁，有时还会在上提钻斗时在其下方产生负压而导致孔壁坍塌，所以应按孔径的大小及土质情况来调整钻斗的升降速度，在桩端持力层中钻进时，上提钻斗时应缓慢；

（5）为防止孔壁坍塌，用稳定液并确保孔内高水位高出地下水位 2m 以上；

（6）根据钻孔阻力大小考虑必要的扭矩，来决定钻头的合适转数；

（7）第一次孔底沉渣处理，在钢筋笼插入孔内前进行，一般采用清底钻头，如果沉淀时间较长，则应采用水泵进行浊水循环；

（8）第二次孔底沉渣处理在混凝土灌注前进行，通常采用泵升法，此法较简单，即利用灌注导管，在其顶部接上专用接头，然后用抽水泵进行反循环排渣。

（二）振动法沉桩

偏心块式振动法沉桩是采用偏心块式电动或液压振动锤进行沉桩的施工方法，该类型桩锤通过电力或液压驱动，使 2 组偏心块作同速相向旋转，其横向偏心力相互抵消，而竖向离心力则叠加，使桩产生竖向的上下振动，造成桩及桩周土体处于强迫振动状态，从而使桩周土体强度显著降低和桩端处土体挤开，桩侧摩阻力和桩端阻力大大减小，于是桩在桩锤与桩体自重以及桩锤激振力作用下，克服惯性阻力而逐渐沉入土中。

1. 该方法优点

（1）操作简便，沉桩效率高；

（2）沉桩时桩的横向位移和变形均较小，不易损坏桩体；

（3）电动振动锤的噪声与振动比筒式柴油锤小得多，而液压振动锤噪声小，振动小；

（4）管理方便，施工适应性强；

（5）软弱地基中沉桩迅速。

2. 该方法不足之处

（1）振动锤构造较复杂，维修较困难；

（2）电动振动锤耗电量大，需要大型供电设备；

（3）液压振动锤费用昂贵；

（4）地基受振动影响大，遇到硬夹层时穿透困难，仍有沉桩挤土公害。

3. 施工要点

振动法沉桩与锤击法沉桩基本相同，不同的是采用振动沉拔桩锤进行施工操作时，桩机就位后吊起桩插入桩位土中，使桩顶套入振动箱连接固定桩帽或用液压夹桩器夹紧，启动振动箱进行沉桩到设计深度。沉桩宜连续进行，以免停歇时间过久而难于沉入。一般控制最后 3 次振动（加压），每次 5 min 或 10 min，测出每分钟的平均贯入度，当不大于设计规定的数值时，即符合要求。摩擦桩则以沉桩深度达到设计要求深度为止。

4. 施工注意事项

（1）沉桩中如发现桩端持力层上部有厚度超过 1 m 的中密以上的细砂、粉砂和粉土等硬夹层时，可能会发生沉入时间过长或穿不过现象，硬性振入较易损坏桩顶、桩身或桩机，此时应会同设计部门共同研究采取措施。

（2）桩帽或夹桩器必须夹紧桩顶，以免滑动，否则会影响沉桩效率，损坏机具或发生安全事故。

（3）桩架应保持竖直、平正，导向架应保持顺直。桩架顶滑轮、振动箱和桩纵轴必须在同一垂直线上。

（4）沉桩中如发现下沉速度突然减小，此时桩端可能遇上硬土层，应停止下沉而将桩提升 0.5~1.0 m，重新快速振动冲下，以利于穿透硬夹层而继续下沉。

（5）沉桩中应控制振动锤连续作业时间，以免动力源烧损。

（三）夯扩桩

夯扩桩是在锤击沉管灌注桩机械设备与施工方法的基础上加以改进，增加 1 根内夯管，按照一定的施工工艺（无桩尖或钢筋混凝土预制桩尖沉管），采用夯扩的方式（一次夯扩、二次夯扩、多次夯扩等）将桩端现浇混凝土扩成大头形，桩身混凝土在桩锤和内夯管的自重作用下压密成型的一种桩型。

1. 该方法优点

（1）在桩端处夯出扩大头，单桩承载力较高；

（2）借助内夯管和柴油锤的重量夯击灌入的混凝土，桩身质量高；

（3）可按地层土质条件，调节施工参数、桩长和夯扩头直径以提高单桩承载力；

（4）施工机械轻便、机动灵活、适应性强；

（5）施工速度快、工期短、造价低；

（6）无泥浆排放。

2. 该方法不足之处

（1）遇中间硬夹层，桩管很难沉入；

（2）遇承压水层，成桩困难；

（3）振动较大，噪声较大；

（4）属挤土桩，设桩时对周边建筑物和地下管线产生挤土效应；

（5）扩大头形状很难保证与确定。

3. 施工要点

首先是混凝土制作与灌注部分，要注意：①混凝土的坍落度扩大头部分以 40~60 mm 为宜，桩身部分以 100~140 mm（$d \leqslant 426$ mm）及 80~100 mm（$d \geqslant 450$ mm）为宜；②扩大头部分的灌注应严格按夯扩次数和夯扩参数进行；③当桩较长或需配置钢筋笼时，桩身混凝土宜分段灌注，混凝土顶面应高出桩顶 0.3~0.5 m。

其次是拔管部分，要注意：①在灌注混凝土之前不得将桩管上拔，以防管内渗水；②以含有承压水的砂层作为桩端持力层时，第一次拔管高度不宜过大；③拔外管时应将内夯管和桩锤压在超灌的混凝土面上，将外管缓慢均匀地上拔，同时将内夯管徐徐下压，直至同步终止于施工要求的桩顶标高处，然后将内外管提出地面；④拔管速度要均匀，对一般土层以 1~2 m/min 为宜，在软弱土层中和软硬土层交界处以及扩大头与桩身连接处宜适当放慢。

最后是打桩顺序，要注意打桩顺序的安排应有利于保护已打入的桩不被压坏或不产生较大的桩位偏差。夯扩桩的打桩顺序可参考钢筋混凝土预制桩的打桩顺序。除此之外，还不能忽视对桩管入土深度的控制和挤土效应的重视。

除以上几种常用的桩基础施工技术之外，因为桩基础的分类和成桩的方法很多，以及不同的场地、不同的地质条件等，还有很多种桩基的施工技艺，鉴于篇幅原因，暂不在此讨论。

第三节　岩土锚固施工技术

一、锚孔钻造

（1）锚孔测量放样的具体要求是要依照设计的点号来进行拉线量尺，再与水准测量放线，而且还要利用油漆和铁纤维准确标记位置。

（2）钻机的方位要求严格遵循设计方位、孔位以及倾角准确就位，利用测角量具掌控角度，方位误差范围在 ±2° 内，而钻机轨倾角误差范围在 ±1° 内。

（3）在钻进过程中，需要利用无水干钻，严格把握钻进时速，以防钻孔扭曲、变径或偏斜。

（4）在锚孔钻进中，要做好现场施工详细的记录，如对钻速、钻压、地下水与地层情况等的记录。

（5）在钻孔孔径中，孔深不小于所设计的数值，当达到设计深度时要立即停钻，稳钻要停留 3~5 min，预防孔底尖灭，同时还要进行锚孔的清洗。

（6）在钻孔的过程中，如果遇到塌孔现象可以选用两种方法进行处理，首先需要下套管，也就是通常所说的跟管钻进，虽然工序速度较慢，工序也比较多，但这样的方法十分可靠；另外，通过注浆再钻，如果塌孔现象发生时，拔出钻杆再进行孔内注浆，注浆压力稳定在 0.1~0.3 MPa，在注浆的 12 h

到 1 d 后才能进行重新钻孔。

（7）在硬度不均衡的风化岩层中极其容易发生卡钻现象，对于卡钻处理的方式主要是通过钻机来回启动，用高压风吹净孔内碎石再钻进，或拔出钻杆。

（8）当锚孔钻造完成之后，要对现场监理进行严格的检查，这样才能开展下一个锚筋体的施工。

二、锚筋安装

（1）对锚筋下材的具体要求有允许的误差范围在 45 mm 之内，下材要准确整齐，对预留的张拉段钢材约 2 m，对于不同的标记采用机械切割下材。

（2）严格控制挤压工艺，要对挤压簧、挤压套配装进行准确定位，要充分均匀地进行挤压顶推进，对样本中的 5% 的样本进行检测，还要保证单根挤压的强度不小于 200 kN。

（3）要保障承载体组装定位精确，限位片、挤压头以及承载板进行牢固拴接。

（4）架线环间距应确定在 1.0 ~ 1.5 m，还要求进行牢固绑接，定位准确，而且锚孔中要建一个架线环。

（5）要对注浆穿梭安装进行精确定位，要进行结实稳固的绑扎。

（6）对锚筋体的安置需要排列均匀、顺直，还要挂牌号等待检查。

（7）在进行锚筋体安装的过程中，要求按方位平顺和设计倾角推进，禁止串动、扭转和抖动，预防在中间卡阻和散束。如果发现阻力比较多，有可能是由于孔内碎石没有吹洗干净，这时需要拔出锚索，用高压风吹干净后，再放进去，让锚索长度达到设计规定的要求。

三、锚孔灌浆

（1）注浆材料必须依照相关规定以及符合设计的要求进行检验。在注浆作业中途或开始停止时间较长再进行作业的时候，最好利用水泥或水稀浆注浆管路及润滑注浆泵。

（2）在实施注浆作业的过程中，需要做好现场施工的详细注浆记录，每次的注浆都要进行浆体测试，而且不能少于两组。当浆体强度没有达到80%的时候，不可以在锚筋体的端头拉绑碰撞和悬挂重物。

（3）锚孔注浆需要运用孔底返浆法进行注浆，其压力通常定为2.0 MPa，直到孔口开始溢浆，禁止抽拔孔口注浆或注浆管，假如看到孔口浆面有所回落，需要在半小时内对孔底压注补浆2～3次，保障孔口浆体装满。

（4）当锚孔钻造完成之后，要立即对锚孔注浆和筋体进行安装，最好不要超过一个工作日的时间。

（5）注浆液要严格按照比例进行搅拌，随时搅拌随时能用到，注浆浆体的强度不小于45 MPa，还要严格按照批次进行试件备制。

四、钢筋安装

（1）当钢筋进场的时候，需要立即做性能检测试验，要保证其质量达到设计的标准与要求。

（2） 加工钢筋的尺寸、形态要达到设计标准，其中误差都要在相关的标准范围内。

（3）在对钢筋进行安装的过程中，要使受力钢筋的级别、品种、数量和规格都要达到标准，要精确而且稳定地进行钢筋安装，要保证保护层的厚度，而且要满足相关的规定要求。

（4）在对混凝土进行灌注之前，要先将锚具垫板、波纹管以及螺旋钢筋依照所设计的要求进行绑定，锚孔的方向一致并且摆放稳固平整。

五、混凝土浇筑

（1）水泥进场时，对其出厂日期、级别、包装、品种等进行仔细检查，对水泥的安全性、强度等性能指标进行严格复查。

（2）混凝土所使用的细、粗骨料规格与质量都要求符合相关规范并按照规定进行抽样检查。

（3）在搅拌混凝土的时候，最好选用饮用水，如果要选用其他水源的时候，要对水源做检测，达到规定的标准方可使用。

（4）在浇筑施工之前，要配合实验与设计，按照要求的强度进行设计。

（5）混凝土要设立整套的保护措施，要确保施工人员的推、提、拉、运的安全。

（6）在进行锚斜托浇筑的施工过程中，需要选用专业的模具以此来保证工程效果与结构强度。

（7）当浇筑完混凝土之后，需要立即进行保养爱护的措施。

六、锚垫墩及框架梁浇筑

（1）锚垫墩及框架梁采用整体浇筑施工法，按照图纸，注意框架梁嵌入边坡体的深度。在浇筑时，注意混凝土振捣，为保证混凝土密实，应该在锚孔周围钢筋较密处仔细振捣。注意两相邻框架梁处预留 2~3 cm 伸缩缝，每隔 10.5 m 设置一道，缝内用沥青木板填充，伸缩缝设在横梁中部。

（2）锚索框架梁施工有三个施工要点：第一，在进行钢筋安装锚垫板时，有一个重要的工序，即锚斜拖的安装，制作专用的锚板使锚斜拖突出框架梁的表面，与锚索方向垂直；第二，在做砂浆垫层时，在需要做钢绞线砼框架处的板面上要进行平整，凸出的地方要刻槽，遇到局部架空处要用浆砌片石进行填补；第三，需要采用组合钢模板，以保证框架梁体尺寸准确。

七、锁定锚筋的张拉

（1）台座混凝土和锚固体强度达到设计强度的 70% 时，才能进行张拉锁定作业。举例来说，在进行抽检锚固钻孔的时候，要达到设计强度才能在验收试验后进行作业。

（2）对锚筋的张拉设备必须要选用专用设备，还要在进行张拉作业之前，对张拉机设备进行标定，以保证检查通过。

（3）在正式张拉之前，要选用 15% 的设计张拉荷载，张拉一两次之后，让这些部位接触变紧，钢绞线也完全变平直。

（4）依据设计次序来看，锚索张拉分单元地运用了有差异性的分步张拉，计算确定差异荷载要根据锚筋长度与设计荷载来计算。

在不足差异荷载之后，锚索的预应力可以分为五个等级，依照相关规定，分别为设计荷载的 110%、100%、75%、50% 以及 25%。锚索锁定后 2 个工作日之内，如果看到了显著的预应力破损，就要进行及时的补救和张拉。

第四节　地下连续墙施工技术

地下连续墙是基础工程在地面上采用一种挖槽机械，沿着深开挖工程的周边轴线，在泥浆护壁条件下，开挖出一条狭长的深槽，清槽后，在槽内吊放钢筋笼，然后用导管法灌筑水下混凝土筑成一个单元槽段，如此逐段进行，在地下筑成一道连续的钢筋混凝土墙壁，作为截水、防渗、承重、挡水结构。

一、分类

（1）按成墙方式地下连续墙可分为：桩排式、槽板式、组合式。

（2）按墙的用途地下连续墙可分为：防渗墙、临时挡土墙、永久挡土（承重）墙。

（3）按墙体材料地下连续墙可分为：钢筋混凝土墙、塑性混凝土墙、固化灰浆墙、自硬泥浆墙、预制墙、泥浆槽墙、后张预应力墙、钢制墙。

（4）按开挖情况地下连续墙可分为：地下挡土墙（开挖）、地下防渗墙（不开挖）。

由于受到施工机械的限制，地下连续墙的厚度具有固定的模数，不能像灌注桩一样根据桩径和刚度灵活调整。因此，地下连续墙只有在一定深度的基坑工程或其他特殊条件下才能显示出经济性和特有优势。一般适用于如下条件：

①开挖深度超过 10 m 的深基坑工程。

②围护结构亦作为主体结构的一部分，且对防水、抗渗有较严格要求的工程。

③采用逆作法施工，地上和地下同步施工时，一般采用地下连续墙作为围护墙。

④邻近存在保护要求较高的建（构）筑物，对基坑本身的变形和防水要求较高的工程。

⑤基坑内空间有限，地下室外墙与红线距离极近，采用其他围护形式无法满足留设施工操作要求的工程。

⑥在超深基坑中，例如 30~ 50 m 的深基坑工程，采用其他围护体无法满足要求时，常采用地下连续墙作为围护结构。

二、作用

（1）挡土作用。在挖掘地下连续墙沟槽时，接近地表的土极不稳定，容易坍陷，而泥浆也不能起到护壁的作用，因此在单元槽段挖完之前，导墙就起挡土墙作用。

（2）作为测量的基准。它规定了沟槽的位置，表明单元槽段的划分，同时亦作为测量挖槽标高、垂直度和精度的基准。

（3）作为重物的支承。它既是挖槽机械轨道的支承，又是钢筋笼、接头管等搁置的支点，有时还承受其他施工设备的荷载。

（4）存蓄泥浆。导墙可存蓄泥浆，稳定槽内泥浆液面。泥浆液面应始终保持在导墙面以下 20 cm，并高于地下水位 1.0 m，以稳定槽壁。

（5）防止泥浆漏失，防止雨水等地面水流入槽内。

三、特点

（一）优点

地下连续墙之所以能够得到如此广泛的应用，是因为它具有十大优点：

（1）工效高、工期短、质量可靠、经济效益高。

（2）施工时振动小，噪声小，非常适于在城市施工。

（3）占地少，可以充分利用建筑红线以内有限的地面和空间，充分发挥投资效益。

（4）防渗性能好，由于墙体接头形式和施工方法的改进，使地下连续墙几乎不透水。

（5）可用于逆作法施工。地下连续墙刚度大，易于设置埋设件，很适合于逆作法施工。

（6）可以贴近施工。由于具有上述几项优点，使我们可以紧贴原有建筑物建造地下连续墙。

（7）用地下连续墙作为土坝、尾矿坝和水闸等水工建筑物的垂直防渗结构，是非常安全和经济的。

（8）墙体刚度大，用于基坑开挖时，可承受很大的土压力，极少发生地基沉降或塌方事故，已经成为深基坑支护工程中必不可少的挡土结构。

（9）适用于多种地基条件。地下连续墙对地基的适用范围很广，从软弱的冲积地层到中硬的地层、密实的沙砾层，各种软岩和硬岩等所有的地基都可以建造地下连续墙。

（10）可用作刚性基础。地下连续墙不再单纯作为防渗防水、深基坑围护墙，而且越来越多地用地下连续墙代替桩基础、沉井或沉箱基础，承受更大荷载。工效高、工期短、质量可靠、经济效益高。

（二）缺点

（1）在城市施工时，废泥浆的处理比较麻烦。

（2）地下连续墙如果用作临时的挡土结构，比其他方法所用的费用要高些。

（3）如果施工方法不当或施工地质条件特殊，可能出现相邻墙段不能对齐和漏水的问题。

（4）在一些特殊的地质条件下（如很软的淤泥质土、含漂石的冲积层和超硬岩石等），施工难度很大。

四、操作流程

在槽段开挖前，沿连续墙纵向轴线位置构筑导墙，采用现浇混凝土或钢筋混凝土浇筑。导墙深度一般为 1.2 ~ 1.5 m，其顶面略高于地面 10 ~ 15 cm，以防止地表水流入导沟。导墙的厚度一般为 100 ~ 200 mm，内墙面应垂直，内壁净距应为连续墙设计厚度加施工余量（一般为 40 ~ 60 mm）。墙面与纵轴线距离的允许偏差为 ±10 mm，内外导墙间距允许偏盖 ±5 mm，导墙顶面应保持水平。

导墙宜筑于密实的黏性土地基上。墙背宜以土壁代模，以防止槽外地表水渗入槽内。如果墙背侧需回填土时，应用黏性土分层夯实，以免漏浆。每个槽段内的导墙应设一溢浆孔。

在挖基槽前先作保护基槽上口的导墙，用泥浆护壁，按设计的墙宽与深分段挖槽，放置钢筋骨架，用导管灌注混凝土置换出护壁泥浆，形成一段钢筋混凝土墙。逐段连续施工成为连续墙。施工主要工艺为导墙、泥浆护壁、成槽施工、水下灌注混凝土、墙段接头处理等。

（一）导墙

导墙通常为就地灌注的钢筋混凝土结构，主要作用是：保证地下连续墙设计的几何尺寸和形状；容蓄部分泥浆，保证成槽施工时液面稳定；承受挖槽机械的荷载，保护槽口土壁不破坏，并作为安装钢筋骨架的基准。导墙深度一般为 1.2 ~ 1.5 m。墙顶高出地面 10 ~ 15 cm，以防地表水流入而影响泥浆质量。导墙底不能设在松散的土层或地下水位波动的部位。

（二）泥浆护壁

通过泥浆对槽壁施加压力以保护挖成的深槽形状不变，灌注混凝土把泥浆置换出来。泥浆材料通常由膨润土、水、化学处理剂和一些惰性物质组成。泥浆的作用是在槽壁上形成不透水的泥皮，从而使泥浆的静水压力有效地作用在槽壁上，防止地下水的渗水和槽壁的剥落，保持壁面的稳定，同时泥浆还有悬浮土渣和将土渣携带出地面的功能。

在沙砾层中成槽必要时可采用木屑、蛭石等挤塞剂防止漏浆。泥浆使用方法分静止式和循环式两种。泥浆在循环式使用时，应用振动筛、旋流器等净化装置。在指标恶化后要考虑采用化学方法处理或废弃旧浆，换用新浆。

（三）成槽施工

使用成槽的专用机械有：旋转切削多头钻、导板抓斗、冲击钻等。施工时应视地质条件和筑墙深度选用。一般土质较软，深度在 15 m 左右时，可选用普通导板抓斗；对密实的砂层或含砾土层可选用多头钻或加重型液压导板抓斗；在含有大颗粒卵砾石或岩基中成槽，以选用冲击钻为宜。槽段的单元长度一般为 6 ~ 8 m，通常结合土质情况、钢筋骨架重量及结构尺寸、划分段落等决定。成槽后需静置 4 h，并使槽内泥浆相对密度小于 1.3。

（四）水下灌注混凝土

采用导管法按水下混凝土灌注法进行，但在用导管开始灌注混凝土前为防止泥浆混入混凝土，可在导管内吊放一管塞，依靠灌入的混凝土压力将管内泥浆挤出。混凝土要连续灌注并测量混凝土灌注量及上升高度。所溢出的泥浆送回泥浆沉淀池。

（五）墙段接头处理

地下连续墙由许多墙段拼组而成，为保持墙段之间连续施工，接头采用锁口管工艺，即在灌注槽段混凝土前，在槽段的端部预插一根直径和槽宽相等的钢管，即锁口管，待混凝土初凝后将钢管徐徐拔出，使端部形成半凹榫状接头。也有根据墙体结构受力需要而设置刚性接头的，以使先后两个墙段连成整体。

五、发展

我国的成槽机械发展得很快，与之相适应的成槽工法层出不穷。有不少新的工法已经不再使用膨润土作为泥浆，墙体材料已经由过去以混凝土为主的局面而转向多样化发展，不再单纯地用于防渗或挡土支护，越来越多地作为建筑物的基础。

经过几十年的发展，地下连续墙的技术已经相当成熟，其中日本在此项技术上最为发达，已经累计建成了 1 500 万 m^2 以上，目前地下连续墙的最大开挖深度为 140 m，最薄的地下连续墙厚度为 20 cm。1958 年，我国水电部门首先在青岛丹子口水库用此技术修建了水坝防渗墙，到 2013 年为止，全国绝大多数省份都先后应用了此项技术，已建成地下连续墙 120 万 ~140 万 m^2。地下连续墙已经代替很多传统的施工方法，而被用于基础工程的很多方面。在它的初期阶段，地下连续墙基本上都是用作防渗墙或临时挡土墙。通过开发使用许多新技术、新设备和新材料，地下连续墙越来越多地用作结构物的一部分或用作主体结构。

第五节 非开挖技术

一、施工准备

（1）顶管工作井施工，井内设集水坑，便于抽排积水。

（2）后靠背设置，工作井基础设定后，根据管道走向设置后靠背。

（3）导轨安装，导轨安装牢固与准确对管子的顶进质量有较大的影响，因此导轨安装依据管径大小、管道坡度、顶进方向确定，顶进方向必须平直，标高、轴线准确。导轨可用轻型钢轨制作。

（4）顶进设备采用千斤顶，头部设刃口工具管，起切土作用、保护管道及导向作用。为防止土体坍塌，在工具管内设格栅。

（5）其他设备工作坑上方设活动式工作平台，一般采用 30 号槽钢做梁，上铺方木。下管采用临时吊车吊运下管，出土采用摇头扒杆。

（6）注意：顶管工作坑四周必须采用围护措施，采用彩钢瓦围护，雨帆布防护，并设醒目警示标牌。顶进时，过往车辆应减速慢行，且禁止大吨位、重载车辆通行。

二、非开挖技术的特点

现代非开挖地下管线施工技术，是近年来发展起来的一项高新技术，是钻探工程技术结合工程物探、计算机技术、岩土工程技术及新材料等技术的一项重要延伸。非开挖技术在国外已广泛使用，在国内也逐渐普及。与其他技术相比，我国非开挖技术起步较晚。但是在最近 20 多年中，非开挖技术无论在理论上，还是在施工工艺方面，都有了突飞猛进的发展。非开挖技术是一种极为重要的铺设管道的工程手段，采用非开挖技术铺设管道具有若干得天独厚的优势。

不开挖地面就能穿越公路、铁路、河流，甚至能在建筑物底下穿过，是一种安全有效的施工技术。

非开挖技术不开挖地面，因此被铺设管道的上部土层未经扰动，管道的管节端不易产生段差变形，其管道寿命亦长于开挖法埋管。

采用房下非开挖技术能节约一大笔征地拆迁费用，减少动迁用房，缩短管线长度，有很大经济和社会效益。

三、非开挖技术的构成分类

非开挖技术可分为三大类：铺设新管线、修复旧管线、探测地下管网。

1. 铺设新管线施工技术

铺设新管线施工技术包括导向钻进铺管法、定向钻进铺管法、气动矛铺管法、夯管锤铺管法、螺旋钻进铺管法、推挤顶进铺管法、微型隧道铺管法、盾构法和顶管法。

2. 修复旧管线施工技术

修复旧管线施工技术包括原位固化法、原位换管法、滑动内插法、变形再生法、局部修复法。

3. 探测地下管网

探测地下管网包括地下管线探测仪（非金属管道探测仪、金属管道探测仪、塑料管道探测仪、电力电信缆线探测仪和井盖探测仪等）、供水管网监测仪（流量水压记录仪、漏区诊断仪、漏点定位仪等）、电信线路故障定位仪、气体故障检测仪、管中摄影仪、探地雷达、声呐系列。

四、非开挖技术应用

现代非开挖技术发展虽然时间不长，但其施工工艺技术的先进性、优越性所带来的经济效益和社会效益已举世瞩目，同时也激励了非开挖技术的不断更新，其应用领域不断拓展。

（1）穿越江河、机场、铁路、公路、建筑等铺设各种地下管线；

（2）隧道的管棚支护、微型钻孔桩施工等；

（3）水平注浆、水平降水、地下污染层处理；

（4）煤层瓦斯抽排放孔施工；

（5）修复置换旧管线；

（6）探测查找地下管网。

五、主要非开挖技术

（一）定向钻进铺管法

定向钻进的基本原理：按预先设定的地下铺管轨迹钻一个小口径先导孔，随后在先导孔出口端的钻杆头部安装扩孔器回拉扩孔，当扩孔至尺寸要求后，在扩孔器的后端连接旋转接头、拉管头和管线，回拉铺设地下管线。

水平定向钻进铺管的施工顺序为：地层勘察、地下建筑物及地下管线探测，钻进轨迹的规划与设计，配制钻液，钻导向孔，回拉扩孔，铺管，管端处理。

1. 地层勘察、地下建筑物及地下管线探测

地层勘察主要了解有关地层和地下水的情况，为选择钻进方法和配制钻液提供依据。其内容包括：土层的标准分类、孔隙度、含水性、透水性以及地下水位、基岩深度和含卵砾石情况等。可采用查资料、开挖和钻探、物探等方法获取。

地下管线探测主要了解有关地下已有管线和其他埋设物的位置，为管线设计和设计钻进轨迹提供依据。一般采用综合物探法，按其定位原理分为：电磁法、直流电法、磁法、地震波法和红外辐射法等，并结合钻探、静力触探、土工实验等技术。

2. 钻进轨迹的规划与设计

导向孔轨迹设计是否合理对管线施工能否成功至关重要。钻孔轨迹的设计主要是根据工程要求、地层条件、地形特征、地下障碍物的具体位置、钻杆的入出土角度、钻杆允许的曲率半径、钻头的变向能力、导向监控能力和被铺设管线的性能等，给出最佳钻孔路线。

3. 配制钻液

钻液可以冷却钻头，冷却和保护其内部传感器、润滑钻具，更重要的是可以悬浮和携带钻屑，使混合后的钻屑成为流动的泥浆顺利地排出孔外，既为回拖管线提供足够的环形空间，又可减少回拖管线的重量和阻力。残留在孔中的泥浆可以起到护壁的作用。

在不同的地质条件下，需要不同成分的钻液。钻液由水、膨润土和聚合物组成。水是钻液的主要成分，膨润土和聚合物通常称为钻液添加剂。钻液的品质越好与钻屑混合越适当。当遇到不同地层时，及时调整钻液的性能以适应钻孔要求。

4. 钻导向孔

利用造斜或稳斜原理，在地面导航仪引导下，按预先设计的铺管线路，由钻机驱动带楔形钻头的钻杆，从 A 点到 B 点。

钻导向孔的关键技术是钻机、钻具的选择和钻进过程的监测和控制。要根据不同的地质条件以及工程的具体情况，选择合适的钻机、钻具和钻进方法来完成导向孔的钻进。

监测与控制：在钻进导向孔时能否按设计轨迹钻进，钻头的准确定位及变向控制非常重要。钻进过程中对钻头的监测方法主要通过随钻测量技术获取孔底钻头的有关信息。孔底信号传送的方法主要有电缆法和电磁波法。电磁波法的测量范围较小，一般在 300 m 以内水平发射距离，测量深度在 15 m 左右。电磁波法测量的原理为：在导向钻头中安装发射器，通过地面接收器，测得钻头的深度、鸭嘴板的面向角、钻孔顶角、钻头温度和电池状况等参数，将测得的参数与钻孔轨迹进行对比，以便及时纠正。地面接收器具有显示与发射功能，将接收到的孔底信息无线传送至钻机的接收器并显示，以便操作手能控制钻机按正确的轨迹钻进。目前，电磁波法在中小型钻机上应用较多，缺点是必须随钻跟踪监控。电缆法在长距离穿越中，特别是地形复杂的工程中应用较多。优点是抗干扰能力强，不要随钻跟踪；但其操作复杂，选用的信号线必须强度高、不易拉断、耐磨、绝缘性能好。

5. 回拉扩孔

导向孔钻成孔后，卸下钻头，换上适当尺寸和符合地质状况的特殊类型的回扩钻头，使之能够在拉回钻杆的同时，又可将钻孔扩大到所需尺寸。一般采用逐级扩孔；预埋管径以内采用排土法扩孔，以外采用挤压法成孔，以保证铺管后地面不至于沉降，不留隐患。在回扩过程中和钻进过程一样，自始至终泥浆搅拌系统要向钻头和回扩钻头提供足够的泥浆。

扩孔器类型有桶式、飞旋式、刮刀式等。穿越淤泥黏土等松软地层时，选择桶式扩孔器较适宜，扩孔器通过旋转，将淤泥挤压到孔壁四周，起到很好的固孔作用；当地层较硬时，选择飞旋式或刮刀式扩孔器成孔较好。

6. 铺管

扩孔完毕，在拖管坑一端的钻杆上，再装扩孔器与管前端通万向接、特制拖头等连接牢固，启动导向钻机回拉钻杆进行拖管，将预埋管线拖入孔内，完成铺管工作。在拖管的同时加入专用防润土进行泥浆护壁。在条件允许的情况下，可将全部管线一次性连接。

7. 管端处理

当拖管结束后，采用挖掘机将扩孔器及管前端挖出，拆除扩孔器及万向接，处理造斜段，施工检查井，恢复路面，清场。

8. 施工注意事项

（1）定向钻进施工前应掌握施工位置的地质状况，选择适当结构的钻头。

（2）仔细清查钻进轨迹中的地下管线情况，掌握地下管线的埋深、管线类型和管线材料，根据实际情况编制施工方案。

（3）导向孔施工前应对导向仪进行标定或复检，以保证探头精度。

（4）导向孔每 3 m 测一次深度，如发现偏差应及时调整，以确保导向孔偏差在设计范围内。

（5）拖拉管线前应做好安全辅助工作，特别是拖拉非金属管线时，避免损伤管材。

（6）管线拖拉完毕后，应按管道试压规程进行试压，验收合格后方可进行管道接驳。

（二）顶管铺管法

顶管铺管法是依靠安装在管道头部的钻掘系统不断地切削土屑，由出土系统将切削的土屑排出，边顶进，边切削，边输送，将管道逐段向前铺设，在顶进的过程中通过激光导向系统纠偏来调节铺管方向。

顶管法的技术特点：

（1）噪声以及振动都很小；

（2）可以在很深的地下敷设管道；

（3）对施工周边的影响很小；

（4）可以穿越障碍物。

（三）盾构铺管法

盾构铺管法是隧道暗挖施工法的一种，它是利用盾构机前端与盾构机体同等直径的刀盘，在与土壤接触时进行旋转，并加入适量的液体，使切削下来的土与液体在刀盘旋转的搅拌作用下，成为泥状流塑体，通过螺旋输送机送到地面。机头前进后，在机后留出的空间里，把提前预制好的混凝土管片拼装成环状。盾构法施工具有施工速度快、洞体质量比较稳定、对周围建筑物影响较小等特点，适合在软土地基段施工。盾构法施工的基本条件：线位上允许建造用于盾构进出洞和出渣进料的工作井；隧道要有足够的埋深，覆土深度宜不小于

6 m；相对均质的地质条件；从经济角度讲，连续的施工长度不小于 300 m。

（四）气动矛铺管法

气动矛由钢质外套、矛体、活塞和配气装置组成。气动矛在压缩空气作用下，矛体内的活塞作往复运动，不断冲击矛头，矛头在土层中挤压周围土体，形成钻孔并带动矛体前进。形成钻孔后可以直接将待铺管道拉入，也可通过拉扩法将钻孔扩大，以便铺设更大直径的管道。

气动矛技术特点：

（1）设备简单，操作方便，投资少；

（2）可铺设 PE 管、PVC 管和钢管；

（3） 适用于短距离（30 m 以内）、小直径管道的穿越铺设；

（4）适合在狭小空间内施工。

（五）无缝衬装置换法

无缝衬装置换法是一种维修管道的施工方法，是将直径大于或等于原有管道管径的 PE 管衬入管道内，所使用的 PE 管一般为低、中密度的薄壁聚乙烯管材。管道衬装前要想办法减小管的截面积。截面变化的变形可以是弹性的，也可以是半永久的塑性的，方法有两种，一种是将 PE 管拉长，以减小管径，从而减小截面积，PE 管衬入后，由于不再受拉力的作用，长度将缩短，管径将变大，复原后内衬管线将与原有管线紧紧套在一起，两层管线之间不再需要灌水泥沙浆固定。减小内衬管截面积的另一种方法是将管道横截面变形，可在 PE 管出厂前通过专用的设备将横截面变为“U”形或“C”形，也可以在施工现场拉入 PE 管前将 PE 管沿管壁圆周方向扭曲，从而达到变形的目的。变形后的管道可以按滑（拉）入衬装的方法由卷扬机拉入，然后再利用气压水压或高温水的作用将变形的管线复原。施工中需具备的条件：无缝衬装需要较高的技术水平，要精确计算内衬 PE 管的横截面变化情况，同时，PE 管衬装还需要对接热熔焊机及特制的内衬管缩径钢模或扭曲钢模等特殊的设备。

（六）管道翻衬置换法

管道翻衬的内衬材料一般是由较柔韧的聚合物、玻璃纤维布或无纺纤维等多孔材料做骨架，饱和浸渍树脂材料而成，材料的外层一般覆盖一层隔水膜，翻转衬入管道后，该隔水膜成为新管道的内层，主要起止水作用。翻转在水压、气压或卷扬机拉力的作用下，内衬材料反转进入管道的内壁，完成后，在热水水温的作用下，树脂固化，内衬材料形成坚硬的管道内壁，成为管道骨架的一部分。施工中需具备的条件：管道翻衬的特点是施工简单，占地少，无须投入专用的设备，一次翻衬的长度可达几百米，翻衬完成后，在支管、消火栓、阀门等处要挖工作坑进行人工开孔，也可通过专用设备开口。但翻衬施工的工期较长，且由于给水管道中的水质要求较高，用于给水管道上的内衬骨架材料和树脂是有限制的，应加以慎重选择。

（七）爆（碎）管衬装置换法

该方法主要适用于原有管线为易碎管材，如灰口铸铁管等，且管道老化严重的情况。新管的管径可以比原有管道管径大，具体施工方法是将碎管设备放入旧管中，由卷扬机拉动沿旧管前进，沿途由碎管设备将旧管破碎，在碎管设备后连着扩管头，扩管头的管径比原有旧管大，负责将破碎的旧管压入周围的土壤中，紧跟着是内衬管线，一般为 PE 管材，管径小于扩管头，在卷扬机的拉动下拖入原有管道的管位。施工设备有许多种，大致可以分为三类：气动碎管设备、液压碎管设备、刀具切割碎管设备。其中刀具切割碎管设备较为常用，其结构由半径大于原有管道的切割圆周向的切割刀具构成，在切割刀具后面紧接衬装新管。还有液压碎管设备，操作简便。碎管衬装完全摆脱了 PE 管内衬时减小过水能力的缺点，其施工工期较短，一次安装的长度可达几百米，在支管、消火栓、阀门等处需要局部开挖。对于埋深较浅的管线，碎管设备的振动可能会对地面造成影响。

第二章　岩土工程勘察认知

岩土工程勘察是各类工程建设中重要的必不可少的工作，是建筑工程设计和施工的基础。由于工程类别不同、工程规模大小不同，勘察设计、施工要求也有所不同，岩土工程勘察工作质量好坏，将直接影响到建设工程效应。

第一节　岩土工程勘察基本知识

一、岩土工程及岩土工程勘察

1. 岩土工程

（1）岩土工程的含义。

岩土工程是欧美国家于20世纪60年代在土木工程实践中建立起来的一种新的技术体制，是解决岩体与土体工程问题，包括地基与基础、边坡和地下工程等问题的一门学科。

岩土工程是以土力学、岩石力学、工程地质学和基础工程学的理论为基础，由地质学、力学、土木工程、材料科学等多学科相结合形成的学科，同时又是一门地质与工程紧密结合的学科，主要解决各类工程中关于岩石、土木工程技术问题。就其学科的内涵和属性来说，属于土木工程的范畴，在土木工程中占有重要的地位。

（2）工作内容及研究对象。

按照工程建设阶段划分，岩土工程可分为：岩土工程勘察、岩土工程设计、岩土工程治理、岩土工程监测、岩土工程检测。

岩土工程的研究对象是岩土体，主要包括岩土体的稳定性、地基与基础、地下工程及岩土体的治理、改造和利用等。这些研究通过岩土工程勘察、设计、施工、监测、地质灾害治理及岩土工程监理六个方面来实现。

在我国建设事业快速发展的带动下，岩土工程技术也取得了长足的进步。无论是岩土力学的理论研究，还是在岩土工程勘察测试技术、地基基础工程、岩土的加固和改良等方面都取得了十分明显的进步，许多方面已经接近或达到国际先进水平。但我们与发达国家之间还存在一定差距，需要中国岩土工作者继续努力。

2. 岩土工程勘察

岩土体作为一种特殊的工程材料，不同于混凝土、钢材等人工材料。它是自然的产物，随着自然环境的不同而不同，从而表现出不同的工程特性。这就造成了岩土工程的复杂性和多变性，而且土木工程的规模越大，岩土工程问题就越突出、越复杂。在实际工程中，岩土问题、地基问题往往是影响投资和制约工期的主要因素，如果处理不当，就可能会带来灾难性的后果。随着人类土木工程规模的不断扩大，岩土工程有了不同的分支学科，岩土工程勘察就是岩土工程学科的一门重要的分支学科。

岩土工程勘察是根据建设工程的要求，查明、分析、评价建设场地的地质、环境特征和岩土工程条件，编制勘察文件的活动。

岩土工程勘察为满足工程建设的要求，具有明确的工程针对性并需要一定的技术手段，根据不同的工程要求和地质条件，应采用不同的技术方法。

任何一项土木工程在建设之初，都要进行建筑场地及环境地质条件的评价。根据建设单位的要求，对建筑场地及环境进行地质调查，为建设工程服务，最终提交岩土工程勘察报告的过程就是岩土工程勘察的主要工作内容。

岩土工程勘察根据工程项目类型的不同可分为房屋建筑勘察、水利水电工程勘察、公路工程和铁路工程勘察、市政工程勘察、港口码头工程勘察等；根据地质条件不同可分为不良地质现象的勘察和特殊土的勘察等。

二、岩土工程勘察的目的和任务

1. 岩土工程勘察的目的

岩土工程勘察是岩土工程技术体制中的一个首要环节，是指根据建设工程的要求，查明、分析、评价建设场地的地质、环境特征和岩土工程条件，编制勘察文件的活动。各项工程建设在设计和施工之前，必须按基本建设程序进行岩土工程勘察。其目的就是明确建设场地的工程地质条件，解决工程建设中的岩土工程问题，为工程建设服务。

不同于一般的地质勘察，岩土工程勘察需要采用工程地质测绘与调查、勘探和取样、原位测试、室内实验、检验和检测、分析计算、数据处理等技术手段，其勘察对象包括岩土的分布和工程特征、地下水的赋存及其变化、不良地质作用和地质灾害等地质、环境特征和岩土工程条件。

传统的工程地质勘察主要任务是取得各项地质资料和数据，提供给规划、设计、施工和建设单位使用。具体地说，工程地质勘察的主要任务如下：

（1）阐明建筑场地的工程地质条件，并指出对工程建设有利和不利因素。

（2）论证建筑物所存在的工程地质问题，进行定性和定量的评价，做出确切结论。

（3）选择地质条件优良的建筑场地，并根据场地工程地质条件对建筑物平面规划布置提出建议。

（4）研究工程建筑物兴建后对地质环境的影响，预测其发展演化趋势，提出利用和保护地质环境的对策和措施。

（5）根据所选定地点的工程地质条件和存在的工程地质问题，提出有关建筑物类型、规模、结构和施工方法的合理建议，以及保证建筑物正常施工和使用应注意的地质要求。

（6）为拟定改善和防止不良地质作用的措施方案提供地质依据。

岩土工程是以土体和岩体作为科研和工程实践的对象，解决和处理建设过程中出现的所有与土体或岩体有关的工程技术问题。岩土工程勘察的任务不仅包含传统工程地质勘察的所有内容，即查明情况，正确反映场地和地基的工程地质条件，提供数据，而且要求结合工程设计、施工条件进行技术论证和分析评价，提出解决岩土工程问题的建议，并服务于工程建设的全过程，以保证工程安全，提高投资效益，促进社会和经济的可持续发展。其整体功能是为设计、施工提供依据。

建筑场地岩土工程勘察包括工程地质调查与勘探、岩土力学测试、地基基础工程和地基处理等内容。

2. 岩土工程勘察的任务

（1）基本任务。

按照工程建设所处的不同勘察阶段的要求，正确反映工程地质条件，查明不良地质作用和地质灾害，精心勘察、进行分析，提出资料完整、评价正确的勘察报告。为工程的设计、施工以及岩土体治理加固、开挖支护和降水等工程提供工程地质资料和必要的技术参数，同时对工程存在的有关岩土工程问题做出论证和评价。

（2）具体任务。

①查明建筑场地的工程地质条件，对场地的适宜性和稳定性做出评价，选择最优的建筑场地。

②查明工程范围内岩土体的分布、形状和地下水活动条件，提供设计、施工、整治所需要的地质资料和岩土工程参数。

③分析、研究工程中存在的岩土工程问题，并做出评价。

④对场地内建筑总平面布置、各类岩土工程设计、岩土体加固处理、不良地质现象整治等具体方案提出论证和意见。

⑤预测工程施工和运营过程中可能出现的问题，提出防治措施和整治建议。

3. 重要术语

（1）工程地质条件。

工程地质条件是指与工程建设有关的各种地质条件的综合。这些地质条件包括拟建场地的地形地貌、地质构造、地层岩性、水文地质条件、不良地质现象、人类工程活动和天然建筑材料等方面。

工程地质条件的复杂程度直接影响工程建筑物地基基础投资的多少以及未来建筑物的安全运行。因此，任何类型的工程建设在进行勘察时必须首先查明建筑场地的工程地质条件，这是岩土工程勘察的基本任务。只有在查明建筑场地的工程地质条件的前提下，才能正确运用土力学、岩石力学、工程地质学、结构力学、工程机械、土木工程材料等学科的理论和方法对建筑场地进行深入细致的研究。

（2）岩土工程问题。

岩土工程问题是拟建建筑物与岩土体之间存在的、影响拟建建筑物安全运行的地质问题。岩土工程问题因建筑物的类型、结构和规模的不同以及地质环境的不同而异。

岩土工程问题复杂多样。例如，房屋建筑与构筑物主要的岩土工程问题是地基承载力和沉降问题。由于建筑物的功能和高度不同，对地基承载力的要求差别较大，允许沉降的要求也不同。此外，高层建筑物深基坑的开挖和支护、施工降水、坑底回弹隆起及坑外地面位移等各种岩土工程问题较多。而地下洞室主要的岩土工程问题是围岩稳定性问题，除此之外，还有边坡稳定、地面变形和施工涌水等问题。

（3）不良地质现象。

不良地质现象是指能够对工程建设产生不良影响的动力地质现象，主要是指由地球内外动力作用引起的各种地质现象，如岩溶、滑坡、崩塌、泥石流、土洞、河流冲刷以及渗透变形等。

不良地质现象不仅影响建筑场地的稳定性，也对地基基础、边坡工程、地下洞室等具体工程的安全、经济和正常使用产生不利影响。因此，在复杂地质条件下进行岩土工程勘察时必须查明它们的规模大小、分布规律、形成机制和形成条件、发展演化规律和特点，预测其对工程建设的影响或危害程度，并提出防治的对策与措施。

三、岩土工程勘察的重要性

1. 工程建设场地选择的空间有限性

我国是一个人口众多的国家，良好的工程建设场地越来越有限，只有通过岩土工程勘察，查明拟建场地及其周边地区的水文工程地质条件，对现有场地进行可行性和稳定性论证，对场地岩土体进行改造和再利用，才能满足目前我国工程建设场地的要求。

2. 建设工程带来的岩土工程问题日益凸显

随着我国基础建设的发展，房屋建筑向空中和地下发展，高楼林立、高速公路等带来的地基沉降、基坑变形、人工边坡、崩塌和滑坡等各种岩土工程地质问题日益突出，因此要求岩土工程勘察必须提供更详细、更具体、更可靠的有关岩土体整治、改造和工程设计、施工的地质资料，对可能出现的岩土工程问题进行分析评价，提出有效的预防和治理措施，以便在工程建设中及时发现问题，实时预报，及早预防和治理，把经济损失降到最小。

我国是一个地质灾害多发的国家，特殊性岩土种类众多，存在的岩土工程问题复杂多样。工程建设前，进行岩土工程勘察，查明建设场地的地质条件，对存在或可能存在的岩土工程问题提出解决方案，对存在的不良地质作用提前采取防治措施，可以有效防止一些事故的发生。同时，岩土工程勘察所占工程投资比例较低，但可以为工程的设计和施工提供依据和指导，以正确处理工程建筑与自然条件之间的关系。充分利用有利条件，避免或改造不利条件，减少工程后期处理费用，使建设的工程能更好地实现多快好省的要求。由此可见，工程建设过程中，岩土工程勘察工作显得相当重要。

3. 国家经济建设中的重要环节

各项工程建设在设计和施工之前必须按基本建设程序进行岩土工程勘察，岩土工程勘察的重要性和其质量的可靠性越来越为各级政府所重视。《中华人民共和国建筑法》《建设工程质量管理条例》《建设工程勘察设计管理条例》《实施工程建设强制性条文标准监督规定》《建设工程勘察质量管理办法》等法律、法规对此都有规定。对于勘察的建筑工程来说，工程勘察直接影响着建筑物的质量，决定了建筑物的安全、稳定、正常使用及建筑造价。

《岩土工程勘察规范》（GB 50021—2001）强制性条文规定：各项建设工程在设计和施工之前，必须按基本建设程序进行岩土工程勘察。

《建筑地基基础设计规范》（GB 50007—2011）中也明确规定：地基基础设计前应进行岩土工程勘察。

因此，各项建设工程在设计和施工之前，必须按照“先勘察，后设计，再施工”的基本建设程序进行岩土工程勘察。岩土工程勘察应按工程建设各勘察阶段的要求，正确反映工程地质条件，查明不良地质作用和地质灾害，精心勘察、全面分析，提出资料完整、评价正确的勘察报告。

实践证明，岩土工程勘察工作做得好，设计、施工就能顺利进行，工程建筑的安全运营就有保证。相反，忽视建筑场地与地基的岩土工程勘察，会给工程带来不同程度的影响，轻则修改设计方案、增加投资、延误工期，重则使建筑物完全不能使用，甚至突然破坏，酿成灾害。近年来仍有一些工程不进行岩土工程勘察就设计施工，造成工程安全事故或安全隐患。

加拿大特朗斯康谷仓是建筑物地基失稳的典型例子。该谷仓由 65 个圆柱筒仓组成，长 59.4 m、宽 23.5 m、高 31.0 m，钢筋混凝土片筏基础厚 2 m，埋置深度 3.6 m。谷仓总质量为 2 万 t，容积 36 500 m^3。当谷仓建成后装谷达 32 000 m^3 时，谷仓西侧突然下沉 8.8 m，东侧上抬 1.5 m，最后整个谷仓倾斜超过 26°。由于谷仓整体刚度较强，在地基破坏后，筒仓完整，无明显裂缝。事后勘察了解，该建筑物地基下埋藏有厚达 16 m 的高塑性淤泥质软土层。谷仓加载使基础底面上的平均荷载达到 320 kPa，超过了地基的极限承载力 245 kPa，因而地基强度遭到破坏发生整体滑动。为修复谷仓，在基础下设置了 70 多个支撑于深 16 m 以下基岩上的混凝土墩，使用 338 个 500 kN 的千斤顶，逐渐把谷仓纠正过来。修复后谷仓的标高比原来降低了 4 m。这在地基事故处理中是个奇迹，当然费用十分昂贵。

我国著名的苏州虎丘塔，位于苏州西北，建于五代周显德六年至北宋建隆二年（公元 959~961 年），塔高 47.68 m，塔底对边南北长 13.81 m，东西长 13.64 m，平均 13.66 m，全塔七层，平面呈八角形，砖砌，全部塔重支撑在内外 12 个砖墩上。由于地基为厚度不等的杂填土和亚黏土夹块石，地基土的不均匀和地表丰富的雨水下渗导致水土流失而引起的地基不均匀变形使塔身严重偏斜。自 1957 年初次测定至 1980 年 6 月，塔顶的位移由 1.7 m 发展到 2.32 m，塔的重心偏离 0.924 m，倾斜角达 2°48′。由于塔身严重向东北向倾斜，各砖墩受力不均，致使底层偏心受压处的砌体多处出现纵向裂缝。如果不及时处理，虎丘塔就有毁坏的危险。鉴于塔身已遍布裂缝，要求任何加固措施均不能对塔身造成威胁。因此，决定采用挖孔桩方法建造桩排式地下连续墙，钻孔注浆和树根桩加固地基方案，亦即在塔外墙 3 m 处布置 44 个直径为 1.4 m 人工挖孔的桩柱，伸入基岩石 50 cm，灌注钢筋混凝土，桩柱之间用素混凝土搭接防渗，在桩柱顶端浇注钢筋混凝土圈梁连成整体，在桩排式地基连续墙建成后，再在围桩范围地基内注浆。经加固处理后，塔体的不均匀沉降和倾斜才得以控制。

曾引起震惊的我国香港宝城大厦事故，就是由于勘察时对复杂的建筑场地条件缺乏足够的认识而没有采取相应对策留下隐患而引起的。该大厦建在山坡上，1972 年雨季出现连续大暴雨，引起山坡残积土软化、滑动。7 月 18 日早晨 7 点，大滑坡体下滑，冲毁高层建筑宝城大厦，居住在该大厦的银行界人士

120 人当场死亡。

由此可见，岩土工程勘察是各项工程设计与施工的基础性工作，具有十分重要的意义。

四、我国岩土工程勘察发展阶段

岩土工程是在工程地质学的基础上发展并延伸出的一门属于土木工程范畴的学科，是土木工程的一个分支。

1. 岩土工程勘察体制的形成和发展

（1）中华人民共和国成立初期。

岩土工程是在第二次世界大战后经济发达国家的土木工程界为适应工程建设和技术、经济高速发展需要而兴起的一种科学技术，因此在国际上岩土工程实际上只有几十年的历史。

由于国民经济建设的需要，在城建、水利、电力、铁路、公路、港口等部门，岩土工程勘察体制沿用苏联的模式，建立了工程地质勘察体制，岩土工程勘察工作很不统一，各行业对岩土工程的勘察、设计及施工都有各自的行业标准。这些标准或多或少都有一定的缺陷，主要表现在：勘察与设计、施工严重脱节；专业分工过细，勘察工作的范围仅仅局限于查清条件，提供参数，而对如何设计和处理很少过问，再加上行业分割和地方保护严重，知识面越来越窄，活动空间越来越小，影响了勘察工作的社会地位和经济效益的提高。

中国工程勘察行业是在 20 世纪 50 年代初建立并发展起来的，基本上是照搬苏联的一套体制与工作方法，这种情况一直延续到 20 世纪 80 年代。我国的工程地质勘察体制虽然在中国经济建设中发挥了巨大作用，但同时也暴露了许多问题。在实际工作中，一般只提出勘察场地的工程地质条件和存在的地质问题，很少涉及解决问题的具体方法。勘察与设计、施工脱节，勘察工作局限于“打钻、取样、试验、提报告”的狭小范围。由于上述原因，工程地质勘察工作在社会上不受重视，处于从属地位，经济效益不高，技术水平提高不快，勘察人员的技术潜力得不到充分发挥，使勘察单位的路子越走越窄，不能在国民经济建设中发挥应有的作用。

（2）20 世纪 80 年代至 90 年代。

针对工程地质勘察体制中存在的问题，我国自 1980 年开始进行了建设工程勘察、设计专业体制的改革，引进了岩土工程体制。在原国家计委设计局、原建设部勘察设计公司的积极倡导和支持下，各级政府主管部门、各有关社会团体、科研机构、大专院校和广大勘察单位，在调研探索、经济立法、技术立法、人才培训、组织建设、业务开拓、技术开发、工程试点及信息经验交流等方面积极地进行了一系列卓有成效的工作，我国开始推行岩土工程勘察体制。这一技术体制是市场经济国家普遍实行的专业体制，是为工程建设的全过程服务的。因此，很快就显示出其突出的优越性。它要求勘察与设计、施工、监测密切结合而不是机械分割；要求服务于工程建设的全过程，而不仅仅为设计服务；要求在获得资料的基础上，对岩土工程方案进一步进行分析论证，并提出合理的建议。

（3）20 世纪 90 年代以来。

随着我国工程建设的迅猛发展，高层建筑、超高层建筑以及各项大型工程越来越多，对天然地基稳定性计算与评价、桩基计算与评价、基坑开挖与支护、岩土加固与改良等方面，都提出了新的研究课题，要求对勘探、取样、原位测试和监测的仪器设备、操作技术和工艺流程等不断创新。由勘察工作与设计、施工、监测相结合并积累了许多勘察经验和资料。勘察行业体制的改革虽然取得了明显的成绩，但是真正的岩土工程体制的改革还没有到位，勘察工作仍存在问题。此外，某些地区工程勘察市场比较混乱，勘察质量不高。

岩土工程勘察的任务除了应正确反映场地和地基的工程地质条件外，还应结合工程设计、施工条件，进行技术论证和分析评价，提出解决岩土工程问题的建议，并服务于工程建设的全过程，具有很强的工程针对性。2002 年 9 月，我国开始进行首次注册土木工程师（岩土）执业资格考试。积极推行国际通行的市场准入制度，着眼于负责签发工程成果并对工程质量负终生责任的专业技术人员的基本素质上，单位依靠符合准入条件的注册岩土工程师在成果、信誉、质量、优质服务上的竞争，由岩土工程师主宰市场。鼓励成立以专业技术人员为主的岩土工程咨询（或顾问）公司和以劳务为主的钻探公司、岩土工程治理公司；推行岩土工程总承包（或总分包），承担工程项目不受地区限制。岩土工程咨询（或顾问）公司承担的业务范围不受部门、地区的限制，只要是岩土工程（勘察、设计、咨询监理以及监测检测）都允许承担；但如果是岩土工程测试（或检测监测）公司，则只限于承担测试（检测监测）任务，钻探公司、岩土工程治理公司不能单独承接岩土工程有关任务，只能同岩土工程咨询（或顾问）公司签订承接合同。

2. 岩土工程勘察规范的发展

为了使岩土工程行业能够真正形成岩土工程勘察体制，适应社会主义市场经济的需要，并且与国际接轨，规范岩土工程勘察工作，做到技术先进、经济合理，确保工程质量和提高经济效益，由中华人民共和国建设部会同有关部门共同制定了《岩土工程勘察规范》（GB 50021—1994），于 1995 年 3 月 1 日正式实施。该规范是对《工业与民用建筑工程地质勘察规范》（TJ 21—77）的修订，标志着岩土工程勘察体制的正式实施，它既总结了中华人民共和国成立以来工程实践的经验和科研成果，又注意尽量与国际标准接轨。在该规范中首次提出了岩土工程勘察等级，以便在工程实践中按工程的复杂程度和安全等级区别对待；对工程勘察的目标和任务提出了新的要求，加强了岩土工程评价的针对性；对岩土工程勘察与设计、施工、监测密切结合提出了更高的要求；对各类岩土工程如何结合具体工程进行分析、计算与论证，做出了相应的规定。

2002 年，中华人民共和国建设部又对《岩土工程勘察规范》（GB 50021—1994）进行了修改和补充，颁布了《岩土工程勘察规范》（GB 50021—2001）。

2009 年，中华人民共和国住房和城乡建设部对《岩土工程勘察规范》（GB

50021—2001）进行了修订，使部分条款的表达更加严谨，与相关标准更加协调。该规范是目前我国岩土工程勘察行业实行的强制性国家标准。它指导着我国岩土工程勘察工作的正常进行与顺利发展。

第二节　岩土工程勘察基本技术要求

一、岩土工程勘察分级

1. 目的、依据及分级

（1）岩土工程勘察分级的目的。

岩土工程勘察等级划分的主要目的是勘察工作的布置及勘察工作量的确定。进行任何一项岩土工程勘察工作，首先应对岩土工程勘察等级进行划分。显然，工程规模较大或较重要、场地地质条件以及岩土体分布和性状较复杂者，所投入的勘察工作量就较大，反之则较小。

（2）岩土工程勘察分级的依据。

按《岩土工程勘察规范》（GB 50021—2001）的规定，岩土工程勘察的等级，是由工程重要性等级、场地的复杂程度等级和地基的复杂程度等级三项因素决定的。

（3）岩土工程勘察等级分级。

岩土工程勘察等级分为甲、乙、丙三级。

2. 岩土工程勘察等级的判别

岩土工程勘察等级的判别顺序如下：

工程重要性等级判别→场地复杂程度等级判别→地基复杂程度等级判别→勘察等级判别。

（1）工程重要性等级判别。

工程重要性等级是根据工程的规模和特征，以及由于岩土工程问题造成工程破坏或影响正常使用的后果，划分为三个工程重要性等级，见表 2-1。

表2-1　工程重要性等级划分

工程重要性等级	工程的规模和特征	破坏后果
一级	重要工程	很严重
二级	一般工程	严重
三级	次要工程	不严重

对于不同类型的工程来说，应根据工程的规模和特征具体划分。目前房屋建筑与构筑物的设计等级，已在《建筑地基基础设计规范》（GB 50007—2011）中明确规定，地基基础设计应根据地基复杂程度、建筑物规模和功能特征以及由于地基问题可能造成建筑物破坏或影响正常使用的程度分为三个设计等级。设计时应根据具体情况划分，见表 2-2。

表2-2　工程重要性等级划分

设计等级	工程的规模	建筑和地基类型
甲级	重要工程	重要的工业与民用建筑物；30层以上的高层建筑；体形复杂，层数相差超过10层的高低层连成一体的建筑物；大面积的多层地下建筑物（如地下车库、商场、运动场等）；对地基变形有特殊要求的建筑物；复杂地质条件下的坡上建筑物（包括高边坡）；对原有工程影响较大的新建建筑物；场地和地基条件复杂的一般建筑物；位于复杂地质条件及软土地区的二层及二层以上地下室的基坑工程；开挖深度大于15 m的基坑工程；周边环境条件复杂、环境保护要求高的基坑工程
乙级	一般工程	除甲级、丙级以外的工业与民用建筑物，除甲级、丙级以外的基坑工程
丙级	次要工程	场地和地基条件简单，荷载分布均匀的七层及七层以下的民用建筑及一般工业建筑物，次要的轻型建筑物；非软土地区且场地地质条件简单、基坑周边环境条件简单、环境保护要求不高且开挖深度小于0.5 m的基坑工程

目前，地下洞室、深基坑开挖、大面积岩土处理等尚无工程重要性等级划分的具体规定，可根据实际情况确定。大型沉井和沉箱、超长桩基和墩基、有特殊要求的精密设备和超高压设备、有特殊要求的深基坑开挖和支护工程、大型竖井和平洞、大型基础托换和补强工程，以及其他难度大、破坏后果严重的工程，以列为一级工程重要性等级为宜。

（2）场地复杂程度等级判别。

场地复杂程度等级是由建筑抗震稳定性、不良地质现象发育情况、地质环境破坏程度、地形地貌条件和地下水五个条件衡量的。

《建筑抗震设计规范》（GB 50011—2010）有如下规定。

①建筑抗震稳定性地段的划分。

危险地段：地震时可能发生滑坡、崩塌、地陷、地裂、泥石流及发震断裂带上发生地表错动的部位。

不利地段：软弱土，液化土，条状突出的山嘴，高耸孤立的山丘，非岩质的陡坡，河岸和斜坡的边缘，平面分布上成因、岩性、状态明显不均匀的土层（如古河道、疏松的断层破碎带、暗埋的塘浜沟谷和半填半挖地基），高含水的可塑黄土，地表存在结构性裂缝等。

一般地段：不属于有利、不利和危险的地段。

有利地段：稳定基岩、坚硬土，开阔、平坦、密实、均匀的中硬土等。

不利地段的划分应注意，上述表述的是有利、不利和危险地段，对于其他地段可划分为可进行建设的一般场地。不能一概将软弱土都划分为不利地段，应根据地形、地貌和岩土特性综合评价。如某综合楼场地北部有 6.4~6.7 m 厚的杂填土，地下水位埋深 6.1~6.2 m，杂填土和黄土状土之间差异明显，应定为不均匀地基。若采用灰土挤密桩处理会水量偏高、效果差；若采用桩基孔太浅也不经济；最后与设计者沟通后建议对局部杂填土进行换土处理，换土后其上部统一做 1.5 m 厚的 3 ： 7 灰土垫层。处理后将场地定为可进行建设的一般场地。

②不良地质现象发育情况。

强烈发育是指泥石流沟谷、崩塌、土洞、塌陷、岸边冲刷、地下水强烈潜蚀等极不稳定的场地，这些不良地质作用直接威胁着工程的安全。

一般发育是指虽有上述不良地质作用，但并不十分强烈，对工程设施安全的影响不严重，或者说对工程安全可能有潜在的威胁。

③地质环境破坏程度。“地质环境”是指人为因素和自然因素引起的地下采空、地面沉降、地裂缝、化学污染、水位上升等。

强烈破坏是指由于地质环境的破坏，已对工程安全构成直接威胁，如矿山浅层采空导致明显的地面变形、横跨地裂缝等。

一般破坏是指已有或将有地质环境的干扰破坏，但并不强烈，对工程安全的影响不严重。

④地形地貌条件。地形地貌条件主要指的是地形起伏和地貌单元（尤其是微地貌单元）的变化情况。

复杂山区和陵区场地地形起伏大，工程布局较困难，挖填土石方量较大，土层分布较薄且下伏基岩面高低不平，一个建筑场地可能跨越多个地貌单元。

较复杂地貌单元分布较复杂。

简单平原场地地形平坦，地貌单元均一，土层厚度大且结构简单。

⑤地下水条件。地下水是影响场地稳定性的重要因素，地下水的埋藏条件、类型和地下水位等直接影响工程及其建设。根据场地的复杂程度，可按下列规定分为三个场地等级，见表 2-3。

（3）地基复杂程度等级判别。

依据岩土种类、地下水的影响、特殊土的影响，地基复杂程度可划分为三级，见表 2-4。

表2-3　场地复杂程度等级划分

场地复杂程度等级	建筑抗震稳定性	不良地质现象发育	地质环境破坏程度	地形地貌条件	地下水
一级（复杂场地）	危险	强烈发育	已经或可能受到强烈破坏	复杂	有影响工程的多层地下水，岩溶裂隙水或其他水文地质
二级（中等复杂场地）	不利	一般发育	已经或可能受到一般破坏	较复杂	条件复杂，需专门研究的场地基础位于地下水位以下的场地
三级（简单场地）	抗震设防度等于或小于Ⅵ度，或是建筑抗震有利的地段	不发育	基本未受破坏	简单	对工程无影响

表2-4　地基复杂程度等级划分

地基复杂程度等级	岩土种类	地下水的影响	特殊土的影响	备注
一级	种类多，性质变化大	对工程影响大，且需特殊处理	多年床土及湿陷、膨压、烟渍、污染严重的特殊性岩土，对工程影响大，需做专门处理	变化复杂，同一场地上存在多种的或强烈程度不同的特殊性岩土
二级	种类较多，性质变化较大	对工程有不利影响	除上述规定之外的特殊性岩土	
三级	种类单一，性质变化不大	地下水对工程无影响	无特殊性岩土	

注: 一级地基的特殊土为严重湿陷、膨胀、盐渍、污染的特殊性岩土，多年冻土情况特殊，勘察经验不多，也应列为一级地基。“严重湿陷、膨胀、盐渍、污染的特殊性岩土”是指自重湿陷性土、三级非自重湿陷性土、三级膨胀性土等；其他需做专门处理的以及变化复杂、同一场地上存在多种强烈程度不同的特殊性岩土时，也应列为一级地基。一级、二级地基各条件中只要符合其中任一条件者即可。

（4）勘察等级判别。

综合上述三项因素的分级，即可划分岩土工程勘察的等级，根据工程重要性等级、场地复杂程度等级和地基复杂程度等级，可按下列条件划分岩土工程勘察等级。

建筑在岩质地基上的一级工程，当场地复杂程度等级和地基复杂程度等级均为三级时，岩土工程勘察等级可定为乙级。

勘察等级可在勘察工作开始前，通过搜集已有资料确定，但随着勘察工作的开展及对自然认识的深入，勘察等级也可能发生改变。

二、岩土工程勘察阶段的划分

为保证工程建筑物自规划设计到施工和使用全过程达到安全、经济、适用的标准，使建筑物场地、结构、规模、类型与地质环境、场地工程地质条件相互适应，要求任何工程的规划设计过程必须遵照循序渐进的原则，即科学地划分为若干阶段进行。

按照《岩土工程勘察规范》（GB 50021—2001）要求，岩土工程勘察的工作可划分为可行性研究勘察、初步勘察、详细勘察和施工勘察四个阶段。可行性研究勘察应符合选择场址方案的要求；初步勘察应符合初步设计的要求；详细勘察应符合施工图设计的要求；场地条件复杂或有特殊要求的工程或出现施工现场与勘察结果不一致时，宜进行施工勘察。场地较小且无特殊要求的工程可合并勘察阶段。当建筑物平面布置已经确定，且场地或其附近已有岩土工程资料时，可根据实际情况，直接进行详细勘察。据勘察对象的不同，可分为水利水电工程（主要指水电站、水工构筑物）、铁路工程、公路工程、港口码头、大型桥梁，以及工业、民用建筑等。由于水利水电工程、铁路工程、公路工程、港口码头等工程一般比较重大、投资造价及重要性高，国家分别对这些类别的工程勘察进行了专门的分类，编制了相应的勘察规范、规程和技术标准等，这些工程的勘察称为工程地质勘察。因此，通常所说的“岩土工程勘察”

主要指工业、民用建筑工程的勘察，勘察对象主体主要包括房屋楼宇、工业厂房、学校楼舍、医院建筑、市政工程、管线及架空线路、岸边工程、边坡工程、基坑工程、地基处理等。

三、岩土工程勘察的方法

1. 常用方法

岩土工程勘察的方法或技术手段，常用的有以下几种。

（1）工程地质测绘。

工程地质测绘是采用收集资料、调查访问、地质测量、遥感解译等方法，查明场地的工程地质要素，并绘制相应的工程地质图件的勘察方法。

工程地质测绘是岩土工程勘察的基础工作，也是认识场地工程地质条件最经济、最有效的方法，一般在勘察的初期阶段进行。在地形地貌和地质条件较复杂的场地，必须进行工程地质测绘；但对地形平坦、地质条件简单且较狭小的场地，则可采用调查代替工程地质测绘。高质量的测绘工作能相当准确地推断地下地质情况，起到有效地指导其他勘察方法的作用。

（2）岩土工程勘探。

岩土工程勘探是岩土工程勘察的一种手段，包括物探、钻探、坑探、井探、槽探、动探、触探等。它可用来调查地下地质情况，并且可利用勘探工程取样、进行原位测试和监测，应根据勘察目的及岩土的特性选用上述各种勘探方法。

物探是一种间接的勘探手段，可初步了解地下地质情况。

钻探是直接勘探手段，能可靠地了解地下地质情况，在岩土工程勘察中必不可少，是一种使用广泛的勘探方法，在实际工作中，应根据地层类别和勘察要求选用不同的钻探方法。

当钻探方法难以查明地下地质情况时，可采用坑探方法。它也是一种直接的勘探手段，在岩土工程勘察中必不可少。

（3）原位测试。

原位测试是为岩土工程问题分析评价提供所需的技术参数，包括岩土的物性指标、强度参数、固结变形特性参数、渗透性参数和应力、应变时间关系的参数等。原位测试一般都借助于勘探工程进行，是详细勘察阶段主要的一种勘察方法。

（4）现场检验与监测。

现场检验是指采用一定手段，对勘察成果或设计、施工措施的效果进行核查；是对先前岩土工程勘察成果的验证核查以及岩土工程施工的监理和质量控制。

现场监测是在现场对岩土性状和地下水的变化、岩土体和结构物的应力、位移进行系统监视和观测。它主要包括施工作用和各类荷载对岩土反应性状的监测、施工和运营中的结构物监测和对环境影响的监测等方面。

现场检验与监测是构成岩土工程系统的一个重要环节，大量工作在施工和运营期间进行；但是这项工作一般需在高级勘察阶段开始实施，所以又被列为一种勘察方法。它的主要目的在于保证工程质量和安全，提高工程效益。检验与监测所获取的资料，可以反求出某些工程技术参数，并以此为依据及时修正设计，使之在技术和经济方面得到优化。此项工作主要是在施工期间进行，但对有特殊要求的工程以及一些对工程有重要影响的不良地质现象，应在建筑物竣工运营期间继续进行。

岩土工程勘察手段依据建筑工程和岩土类别的不同可采用以上几种或全部手段，对场地工程地质条件进行定性或定量分析评价，编制满足不同阶段所需的成果报告文件。

2. 岩土工程勘察新技术的应用

随着科学技术的飞速发展，在岩土工程勘察领域中不断引进高新技术。例如，工程地质综合分析、工程地质测绘制图和不良地质现象监测中的遥感（RS）、地理信息系统（GIS）和全球定位系统（GPS），即“3S”技术的引进；勘探工作中地质雷达和地球物理层析成像技术（CT）的应用；数值化勘察技术（数字化建模方法、数字化岩土勘察工程数据库系统）等，对岩土工程勘察的发展有着积极的促进作用。

由于岩土工程的特殊性，大多情况无法采用直接、直观的手段实现对地基岩土性状的调查和获取其工程特性指标。这就要求岩土工程勘察技术人员掌握相关的各类规范、规程，并在勘察工作中仔细、认真以及全面考虑，确保勘察工作有条不紊地开展，从而使勘察成果满足设计的使用要求，最终确保工程建设的安全、高效运行，实现国民经济社会的可持续发展。

四、常用技术规范

岩土工程勘察涉及许多国家规范和标准，对于从事岩土工程勘察的技术人员来说应熟悉，并能准确、认真地执行。本书所依据的主要行业标准如下：

（1）《岩土工程勘察规范》（GB 50021—2001）。

（2）《工程地质手册》（第四版）。

（3）《建筑地基基础设计规范》（GB 50007—2011）。

（4）《建筑桩基技术规范》（JGJ 94—2008）。

（5）《建筑抗震设计规范》（GB 50011—2010）。

（6）《高层建筑岩土工程勘察规程》（JGJ 72—2004）。

（7）《建筑工程地质勘探与取样技术规程》（JGJ/T 87—2012）。

（8）《岩土工程勘察报告编制标准》（CECS 99：98）。

（9）《工程勘察设计收费管理规定》（计价格〔2002〕10 号）。

（10）《工程岩体分级标准》（GB/T 50218—2014）。

第三章　岩土工程勘察前期工作

岩土工程勘察前期工作，主要包括勘察标书的编制和合同的签订，做好勘察前期工作是保证勘察项目顺利实施的前提条件。

岩土工程现场勘察施工是在现场采用不同勘察技术手段或方法进行的勘察工作，了解和查明建筑场地的工程地质条件，应依据工程类别和场地复杂程度的不同，遵循由易到难、先简单后复杂、从地表到地下、从勘察成果到检验成果的原则。

在岩土工程勘察中，工程地质测绘是一项简单、经济又有效的工作方法，它是岩土工程勘察中最重要、最基本的勘察方法，也是各项勘察中最先进行的一项勘察工作。

工程地质测绘是运用地质、工程地质理论对与工程建设有关的各种地质现象进行详细观察和描述，以查明拟定工作区内工程地质条件的空间分布和各要素之间的内在联系，并按照精度要求将它们如实地反映在一定比例尺的地形底图上，并结合勘探、测试和其他勘察工作资料编制成工程地质图的过程。

第一节　岩土工程勘察投标文件编制

岩土工程勘察投标工作是勘察项目经营工作中的重要一环，一定程度上是投标技术工作水平、勘察工作实践经验、质量管理水平及勘察单位整体实力的体现，也是勘察单位经营工作水平及在行业中形象的体现。

一、岩土工程勘察投标文件编制要点

岩土工程勘察投标文件编制要求：细致又全面，准确又快捷，对招标文件的理解和响应不允许出任何偏差或疏漏，投标文件是评标的主要依据，对投标人中标与否起着极其重要的作用。所以，在岩土工程勘察投标文件编制之前，要认真学习招标文件，熟悉所要投标工程项目的地理位置、交通运输、供水等环境条件。了解工程项目的工作内容、工作量（招标书上的工作清单）、工作期限及各种要求。

岩土工程勘察投标文件编制要点包括如下几方面。

1. 认真阅读招标文件

投标工作有其独特的专业性、系统性和连续性，因此必须进行科学、严密的组织和筹划，充分调动全体编标人员的积极性，确保投标工作顺利进行。在进行投标前，应认真阅读招标文件条款内容，做到有的放矢，不走弯路；熟悉招标文件中规定的投标文件格式的规定，如要求的投标文件正副本数，商务、技术、综合部分如何装订，封面签字盖章要求、内容签字盖章要求、标书密封要求、原件是否验证及如何装订、密封等格式及制作要求。

一般招标文件由五部分组成，即投标须知及投标须知前附表，合同条款及格式，工程勘察技术要求，地形图、总平面图及工程量清单，投标文件格式。熟悉招标文件内容是做好投标文件的基本要求。

2. 熟知投标文件内容

一般情况下，投标文件可分为商务标、技术标、综合部分（资格审查资料）。内容上依据招标文件要求的格式和顺序制作，不要缺项、多项、改变招标文件格式。

（1）商务标。

商务标文件主要包括：法定代表人资格证明书、授权委托书、工程勘察单价表、投标书等。其中工程勘察单价表包括工作费报价和勘察工作费计算清单，勘察工作费报价一般分两种，一种是综合报价（岩层和土层综合一起报一个单价），另一种是分不同土层、岩层分别报价。勘察工作费报价是投标方根据工程所在地的地质条件、工作环境及本单位的工作经验和技术条件综合考虑，给出的一个合理价格。

（2）技术标。

技术标就是勘察、施工、组织、设计方案，要根据工程的特点来写。技术标文件主要包括：工程建设项目概况；对招标文件提供的场区的基本地质资料的分析；勘察目的与方案；勘察手段和工作布置；勘探、测试手段的数量、深度；岩土试样的采取与试验要求；工程的组织和技术质量及安全保证措施；拟投入的主要施工机械设备和人员计划；勘察工作计划进度；拟提交的勘察报告的主要章节目录及其他需要说明或建议的内容。

（3）综合部分。

综合部分即资格审查资料，主要包括公司的营业执照、资质证书、安全生产许可证、项目经理证、业绩等，需要根据招标文件的具体要求确定。

二、岩土工程勘察投标文件编制流程

勘察投标文件一般编制流程如图 3-1 所示。

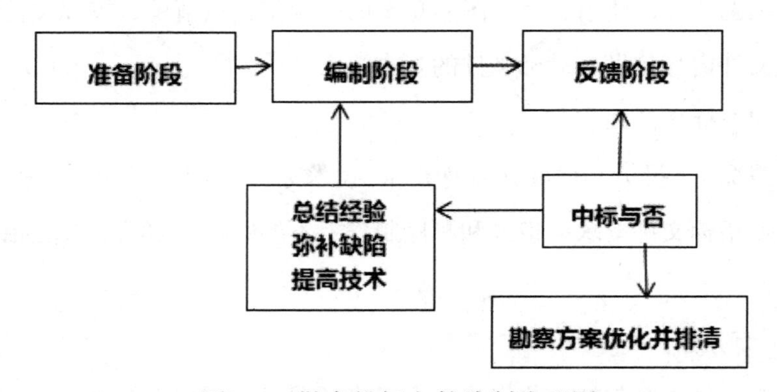

图3–1　勘察投标文件编制流程图

（一）准备阶段

1. 工作内容

详细内容如图 3-2 所示。

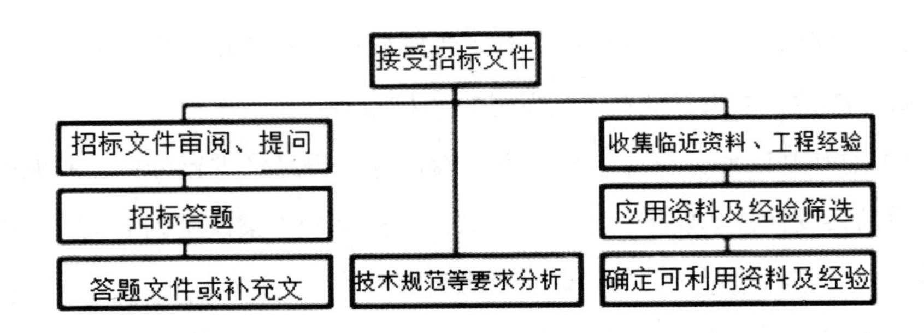

图3-2　准备阶段工作流程图

2. 工作要求

（1）认真、仔细、深入、全面。

（2）注意事项：

①招标文件本身前后是否矛盾；

②招标文件要求与技术规范要求是否一致；

③工程地质资料及工程经验收集、分析与利用体现邻近原则、地质单元相同原则，应与投标项目基础设计方案有可比性；

④遵守国家标准、行业标准、地方和企业标准及国家和企业的法律、规定和制度；

⑤工程经验分析与利用坚持类同原则，注意收集、摘录、分析、总结各类工程实践经验、各类设计概况及其技术要求，分析、反算各类测试、检测结果等资料，并进行有效的岩土条件反分析。

（二）编制阶段

1. 工作要求

（1）土性分析及岩土条件分析应根据投标项目性质及勘察设计技术要求有所侧重。

（2）拟建建筑物性质分析应结合工程经验得出各类建（构）筑物适宜的基础形式可能性（如天然地基、地基处理、桩基等）。

（3）地基基础预分析应结合勘察、设计等工程经济进行分析，并兼顾招标文件中勘察设计技术要求，确定并建议适宜的基础方案或基础形式，提出预分析结论。

（4）勘察方案制定符合勘察规范要求，做到安全、经济、合理。

（5）勘察资源配置及勘察进度应安排紧凑和协调，满足招标文件要求，若招标文件要求不合理时，则应提出合理的方案并进行具体解释。

（6）各项施工措施及技术质量管理措施必须齐全，符合相关技术规范要求，同时必须体现本单位技术、质量管理优势与特长和体系的完备性与合理性。

（7）勘察报告书章节及主要内容，应抓住主要问题，针对本项目可能的特殊情况应扩展和细化；除列出条目外，还应列出简要说明，个别特殊性要求和子项还应进行说明。

（8）勘察费用预算及报价应符合计费标准要求，报价偏高或偏低有要求时应进行适当的技术处理，力求报价在合理计费标准前提下的恰当的报价范围之内。

（9）勘探孔平面布置图应符合勘察技术规范及相关制图规定要求，清晰、美观、重点突出。

（10）其他注意事项。

2. 其他注意事项

要编制好勘察投标文件，并在评标中占有优势，还应注意其他许多勘察标书技术考虑因素之外的事项，主要有以下几个方面。

（1）招标单位及项目设计单位技术外要求及偏好（如低报价）；

（2）招标代理公司的活动能力及要求；

（3）共同参与本项目投标单位的技术实力、技术特长、技术缺陷、工作能力、工作方法、工程经验及标书编制人的性格及其个人的技术表现能力、技术特长与缺陷及个人工程经验积累和利用能力等，避其所长、攻其所短，发挥自身优势；

（4）评标人员的组成结构及其偏好，评标专家尤其是评标组长的专业偏好等，可多听取有关专家意见，多交流，多请进来讲解等进行了解与沟通；

（5）工期与费用报价处置技巧等。

（三）反馈阶段

反馈阶段的工作要求如下。

（1）收集评标意见及优化建议并分析：地质资料及工程经验收集与应用不合理；预分析欠缺、不足或深度不够，或预分析漏项；基础预分析估算不合理，造成勘察方案依据不充分；压缩层厚度计算有误造成控制性孔孔深不足；勘察方案经济合理性明显较差；各项技术措施不全，或违反相关技术规范规定；资源配置不合理，或工期违反招标文件规定；计费标准明显有误，造成勘察费用报价不合理；各项服务措施不满足业主或招标文件特殊要求；投标文件编制校审及印制粗糙、错漏较多或缺页等；勘探孔平面布置图零乱，标志不清晰，难以辨别。

（2）投标文件优缺点自我剖析：对照评标意见及中标标书优化意见，对自身投标文件进行优缺点分析，找出不足与缺点。

（3）中标勘察方案优化及实施勘察方案制定：按中标优化意见对投标勘察方案进行优化，并按优化后勘察方案实施。

（4）未中标勘察方案存在技术原因分析：对照“评标意见及优化建议”中可能存在的问题进行技术原因分析，找出技术原因、技术缺陷、工程经验不足等，总结值得提高的各个方面技术。

（5）总结投标文件编制尚需提高的技术问题和编制策略；总结值得提高的技术各个方面问题，提出改进措施和编制策略，指导后继勘察文件编制。

第二节 岩土工程勘察合同的签订

一、岩土工程勘察合同签订的原则

岩土工程勘察合同属于商务合同，应遵守自愿原则、平等原则、公平原则、诚实信用原则、禁止权利滥用原则、公序良俗原则、等价有偿原则。

1. 自愿原则

自愿原则的实质，就是在民事活动中当事人的意思自治。即当事人可以根据自己的判断，去从事民事活动，国家一般不干预当事人的自由意志，充分尊重当事人的选择。其内容应该包括自己行为和自己责任两个方面。自己行为，即当事人可以根据自己的意愿决定是否参与民事活动，以及参与的内容、行为方式等；自己责任，即民事主体要对自己参与民事活动所导致的结果承担责任。总结为：民事主体根据自己的意愿自主行使民事权利；民事主体之间自主协商设立、变更或终止民事关系；当事人自愿优于任意民事法律规范。

2. 平等原则

平等原则是指主体的身份平等。身份平等是特权的对立物，是指不论其自然条件和社会处境如何，其法律资格以及权利能力一律平等。当事人在民事活动中地位平等。任何自然人、法人在民事法律关系中平等地享有权利，其权利平等地受到保护。

3. 公平原则

公平原则是指在民事活动中以利益均衡作为价值判断标准，在民事主体之间发生利益关系摩擦时，以权利和义务是否均衡来平衡双方的利益。因此，公平原则是一条法律适用的原则，即当民法规范缺乏规定时，可以根据公平原则来变动当事人之间的权利义务；公平原则又是一条司法原则，即法官的司法判决要做到公平合理，当法律缺乏规定时，应根据公平原则做出合理的判决。

4. 诚实信用原则

所谓诚实信用，其本意是要求按照市场制度的互惠性行事。在缔约时，诚实并不欺不诈；在缔约后，守信用并自觉履行。然而，市场经济的复杂性和多变性显示：无论法律多么严谨，也无法限制复杂多变的市场制度中暴露出的种种弊端，总会表现出某种局限性。

5. 禁止权利滥用原则

禁止权利滥用原则，是指民事主体在进行民事活动中必须正确行使民事权利，如果行使权利损害同样受到保护的他人利益和社会公共利益时，即构成权利滥用。对于如何判断权利滥用，民法通则及相关民事法律规定，民事活动首先必须遵守法律，法律没有规定的，应当遵守国家政策及习惯，行使权利应当尊重社会公德，不得损害社会公共利益、扰乱社会经济秩序。

6. 公序良俗原则

公序良俗原则是指民事主体的行为应当遵守公共秩序，符合善良风俗，不得违反国家的公共秩序和社会的一般道德。公序良俗是公共秩序与善良风俗的简称。民事活动应当尊重社会公德，不得损害社会公共利益，破坏国家经济计划，扰乱社会经济秩序。不少学者认为上述说法应概括为公序良俗原则。公共秩序，是指国家社会的存在及其发展所必需的一般秩序。善良风俗，是指国家社会的存在及其发展所必需的一般道德。

违反公序良俗的类型有：①危害国家公序类型；②危害家庭关系类型；③违反人权和人格尊严的行为类型；④限制经济自由的行为类型；⑤违反公平竞争行为类型；⑥违反消费者保护的行为类型；⑦违反劳动者保护的行为类型；⑧暴力行为类型等。

7. 等价有偿原则

等价有偿原则是公平原则在财产性质的民事活动中的体现，是指民事主体在实施转移财产等的民事活动中要实行等价交换，取得一项权利应当向对方履行相应的义务，不得无偿占有、剥夺他方的财产，不得非法侵害他方的利益；在造成他方损害的时候，应当等价有偿。现代民法对等价有偿提出挑战，认为很多民事活动，如赠予、赡养和继承等并不是等价有偿进行的，因而等价有偿原则只是一个相对的原则，不能绝对化。

二、岩土工程勘察合同签订条件

经国家或主管部门批准的计划任务书和选点报告，是签订建设工程勘察合同和设计合同的前提。

1. 计划任务书

计划任务书是确定建设项目、编制设计文件的主要依据，其主要内容包括：建设的目的和根据，建设规模和产品方案、生产方法和工艺流程，资源的综合利用，建设地区和占用土地、防空和防震要求，建设工程期限和投资控制数，劳动定员和技术水平等。重大水利枢纽、水电站、大矿区、铁路干线、远距离输油、输气管道计划任务书还应有相应的流程规划、区域规划、路网、管网规划等。

2. 选择具体建设地点的报告

计划任务书和选点报告是勘察设计的基础资料，这些资料经国家或主管部门批准后，建设单位才能向勘察设计单位提出要约，勘察设计单位接到要约后，要对计划任务书进行审查。认为有能力完成此任务的，方可签订合同。

3. 建设工程施工合同的签订条件

（1）初步设计建设工程总概算要经国家或主管部门批准，并编写所需投资和物资的计划。

（2）建设工程主管部门要指定一个具有法人资格的筹建班子。

（3）接受要约的具有法人资格的施工单位，要有能够承担此项目的设备、技术、施工力量（如果是国家重点工程，必须按国家规定要求，不能延误工期）。

4. 发包人的权利与义务

（1）发包人的权利。

①发包人在不妨碍承包人正常作业的情况下，可以随时以作业进度质量进行检查；

②承包人没有通知发包人检查，自行隐蔽工程的，发包人有权检查，检查费用由承包人负担；

③发包人在建设工程竣工后，应根据施工图纸及说明书、国家颁发的施工验收规范和质量检验标准进行验收；

④发包人对因施工人的原因致使建设工程质量不符合约定的，有权要求施工人在合理的期限内无偿修理或者返工、改建。

（2）发包人的义务。

①发包人应当按照合同约定支付价款并且接受该建设工程。

②未经验收的建设工程，发包人不得使用。发包人擅自使用未经验收的建设工程，发现质量问题的，由发包人承担责任。

③因发包人的原因致使工程中途停建、缓建的，发包人应当采取措施弥补或者减少损失，赔偿承包人因此造成的停工、窝工、倒运、机械设备调迁、材料和构件积压等损失和实际费用。

④由于发包方变更计划，提供的材料不准确，或者未按照期限提供必需的勘察、设计工作条件而造成勘察、设计的返工、停工或者修改设计，发包人应当按照勘察人、设计人实际消耗的工作量增付费用。

三、签订工程勘察合同应注意的问题

1. 关于发包人与承包人

（1）对发包方主要应了解两方面的内容：主体资格，即建设相关手续是否齐全。例如，建设用地是否已经批准，是否列入投资计划，规划、设计是否得到批准，是否进行了招标等。履约能力，即资金问题，施工所需资金是否已经落实或可能落实等。

（2）对承包方主要了解的内容：资质情况、施工能力、社会信誉、财务情况。承包方的二级公司和工程处不能对外签订合同。上述内容是体现承包方履约能力的指标，应认真分析和判断。

2. 合同价款

（1）招标工程的合同价款由发包人、承包人依据中标通知书中的中标价格在协议书内约定。非招标工程合同价款由发包人、承包人依据工程预算在协议书内约定。

（2）合同价款是双方共同约定的条款，要求第一要协议，第二要确定。暂定价、暂估价、概算价等都不能作为合同价款，约而不定的造价不能作为合同价款。

3. 发包人工作与承包人工作条款

（1）双方各自工作的具体时间要填写准确。

（2）双方所做工作的具体内容和要求应填写详细。

（3）双方不按约定完成有关工作应赔偿对方损失的范围、具体责任和计算方法要填写清楚。

4. 合同价款及调整条款

（1）填写合同价款及调整时应按《通用条款》所列的固定价格、可调价格、成本加酬金三种方式。

（2）采用固定价格应注意明确包死价的种类。如总价包死、单价包死，还是部分总价包死，以免履约过程中发生争议。

（3）采用固定价格必须把风险范围约定清楚。

（4）应当把风险费用的计算方法约定清楚。双方应约定一个百分比系数，也可采用绝对值法。

（5）对于风险范围以外的风险费用，应约定调整方法。

5. 工程预付款条款

（1）填写约定工程预付款的额度应结合工程款、建设工期及包工包料情况来计算。

（2）应准确填写发包人向承包人拨付款项的具体时间或相对时间。

（3）应填写约定扣回工程款的时间和比例。

6. 工程进度款条款

（1）工程进度款的拨付应以发包方代表确认的已完工程量、相应的单价及有关计价依据计算。

（2）工程进度款的支付时间与支付方式可选择：按月结算、分段结算、竣工后一次结算（小工程）及其他结算方式。

7. 违约条款

（1）在合同条款中首先应约定发包人对预付款、工程进度款、竣工结算的违约应承担的具体违约责任。

（2）在合同条款中应约定承包人的违约应承担的具体违约责任。

（3）还应约定其他违约责任。

（4）违约金与赔偿金应约定具体数额和具体计算方法，越具体越好，且具有可操作性，以防止事后产生争议。

8. 争议与工程分包条款

（1）填写争议的解决方式是选择仲裁方式，还是选择诉讼方式，双方应达成一致意见。

（2）如果选择仲裁方式，当事人可以自主选择仲裁机构，仲裁不受级别地域管辖限制。

（3）如果选择诉讼方式，应当选定有管辖权的人民法院（诉讼是地域管辖）。

（4）合同中分包的工程项目须经发包人同意，禁止分包单位将其承包的工程再分包。

9. 关于补充条款

（1）需要补充新条款或哪条、哪款需要细化、补充或修改，可在补充条款内尽量补充，按顺序排列。

（2）补充条款必须符合国家现行的法律、法规，另行签订的有关书面协议应与主体合同精神相一致，要杜绝“阴阳合同”。

10. 无效合同

在建筑工程纠纷的司法实践中，建筑工程合同是否有效是首先要明确的问题。根据有关法律规定，以下几种情况会导致建筑工程合同无效。

（1）合同主体不具备资格。

根据规定，签订建筑工程合同的承包方，必须具备法人资格和建筑经营资格。只有依法核准拥有从事建筑经营活动资格的企业法人，才有权进行承包经营活动，其他任何单位和个人签订的建筑承包合同，都属于合同主体不符合要求的无效合同。

（2）借用营业执照和资质证书。

根据《中华人民共和国建筑法》（以下简称《建筑法》）的规定，禁止建筑施工企业以任何形式允许其他单位或者个人使用本企业的资质证书、营业执照，以本企业的名义承揽工程。也就是说，任何非法出借和借用资质证书和营业执照而签订的建筑工程合同都属于无效合同。

（3）越级承包。

《建筑法》规定，禁止建筑施工企业超越本企业资质等级许可的业务范围承揽工程。在实践中，有的建筑企业超越资质等级、经济实力和技术水平等企业级别内容决定的范围承揽工程，造成工程质量不合格等问题。因此，法律明令规定，凡越级承包的建筑工程合同均属无效合同。

（4）非法转包。

根据《中华人民共和国合同法》（以下简称《合同法》）的规定，发包人可以与总承包人订立建筑工程合同，也可以分别与勘察人、设计人、施工人订立勘察、设计、施工承包合同。发包人不得将应当由一个承包人完成的建设工程分解成若干部分发包给几个承包人。总承包人或者勘察、设计、施工承包人向发包人承担连带责任。承包人不得将其承包的全部建设工程转包给第三人或者将其承包的全部建设工程分解以后以分包的名义分别转包给第三人。禁止承包人将工程分包给不具备相应资质条件的单位。禁止分包单位将其承包的工程再分包。建设工程主体结构的施工必须由承包人自行完成。

《建筑法》还规定，禁止承包单位将其承包的全部建筑工程转包给他人，禁止承包单位将其承包的全部建筑工程分解后以分包的名义分别转包给他人。凡以上述禁止形式进行非法转包的建筑工程合同，属无效合同。

（5）违反法定建设程序。

建筑工程的发包人在建筑工程合同的订立和履行过程中，必须遵循相应的法定程序，依法办理土地规划使用、建设规划许可等手续。否则，将导致合同无效。发包人在建设项目发包中，有些项目法定程序为招投标，但有的发包人擅自发包给关联企业，有的发包人形式上采用了招投标的方式，但采取暗箱操作或泄露标底或排斥竞标人的方式控制承包人。另外，工程发包后，有些承包人未办理施工许可证就擅自开工。如存在以上违法事实，所签订的建筑工程合同也往往被认定为无效合同。

第四章　岩土工程勘察方法

第一节　工程地质测绘与勘测

一、概述

工程地质测绘与调查是勘测工作的手段之一，是最基本的勘察方法和基础性工作。通过测绘和调查，将查明的工程地质条件及其他有关内容如实地反映在一定比例尺的地形底图上，对进一步的勘测工作有一定的指导意义。

“测绘”是指按有关规范规程的规定要求所进行的地质填图工作。“调查”是指达不到有关规范规程规定的要求所进行的地质填图工作，如降低比例尺精度、适当减少测绘程序、缩小测绘面积或针对某一特殊工程地质问题等。进行工程地质测绘时，对中等复杂的建筑场地可进行工程地质测绘或调查，对简单或已有地质资料的建筑场地可进行工程地质调查。

工程地质测绘与调查宜在可行性研究或初步设计勘测阶段进行。在施工图设计勘测阶段，视需要在初步设计勘测阶段测绘与调查的基础上，对某些专门地质问题（如滑坡、断裂带的分布位置及影响等）进行必要的补充测绘。但是，不是指每项工程的可行性研究或初步设计勘测阶段都要进行工程地质测绘与调查，而是视工程需要而定。

工程地质测绘与调查的基本任务：查明与研究建筑场地及其相邻有关地段

的地形、地貌、地层岩性、地质构造、不良地质现象、地表水与地下水情况、当地的建筑经验及人类活动对地质环境造成的影响，结合区域地质资料，分析场地的工程地质条件和存在的主要地质问题，为合理确定与布置勘探和测试工作提供依据。高精度的工程地质测绘不但可以直接用于工程设计，而且为其他类型的勘察工作奠定了基础。可有效地查明建筑区或场地的工程地质条件，并且大大缩短工期，节约投资，提高勘察工作的效率。

工程地质测绘可分为两种：一种是以全面查明工程地质条件为主要目的的综合性测绘；另一种是对某一工程地质要素进行调查的专门性测绘。无论何者，都服务于建筑物的规划、设计和施工，使用时都有特定的目的。

工程地质测绘的研究内容和深度应根据场地的工程地质条件确定，必须目的明确、重点突出、准确可靠。

二、工程地质测绘的内容

工程地质测绘的研究内容首先是工程地质条件，其次是对已有建筑区和采掘区的调查。某一地质环境内的建筑经验和建筑兴建后出现的所有工程地质现象，都是极其宝贵的资料，应予以收集和调查。工程地质测绘是在测区实地进行的地面地质调查工作，工程地质条件中各有关研究内容，凡能通过野外地质调查解决的，都属于工程地质测绘的研究范围。被掩埋于地下的某些地质现象也可通过测绘或配合适当勘察工作加以了解。

工程地质测绘的方法和研究内容与一般地质测绘方法类似，但不等同于它们，主要是因为工程地质测绘是为工程建筑服务的。不同勘察阶段、不同建筑对象，其研究内容的侧重点、详细程度和定量化程度等是不同的。实际工作中，应根据勘察阶段的要求和测绘比例尺大小，分别对工程地质条件的各个要素进行调查研究。

工程地质测绘和调查，宜包括下列内容：

（1）查明地形、地貌特征，地貌单元形成过程及其与地层、构造、不良地质现象的关系划分地貌单元。

（2）岩土的性质、成因、年代、厚度和分布。对岩层应查明风化程度，对土层应区分新近堆积土、特殊性土的分布及其工程地质条件。

（3）查明岩层的产状及构造类型、软弱结构面的产状及其性质，包括断层的位置、类型、产状、断层破碎带的宽度及充填胶结情况，岩、土层接触面及软弱夹层的特性等，第四纪构造活动的形迹特点及与地震活动的关系。

（4）查明地下水的类型，补给来源，排泄条件，井、泉的位置，含水层的岩性特征、埋藏深度，水位变化，污染情况及其与地表水体的关系等。

（5）收集气象、水文、植被、土的最大冻结深度等资料，调查最高洪水位及其发生时间、淹没范围。

（6）查明岩溶、土洞、滑坡、泥石流、崩塌、冲沟、断裂、地震震害和岸边冲刷等不良地质现象的形成、分布、形态、规模、发育程度及其对工程建设的影响。

（7）调查人类工程活动对场地稳定性的影响，包括人工洞穴、地下采空、大挖大填、抽水排水及水库诱发地震等。

（8）建筑物的变形和建筑经验。

三、工程地质测绘范围、比例尺和精度

（一）工程地质测绘范围

在规划建筑区进行工程地质测绘，选择的范围过大会增大工作量，范围过小不能有效查明工程地质条件，满足不了建筑物的要求。因此，需要合理选择测绘范围。

工程地质测绘与调查的范围应包括以下内容。

（1）拟建厂址的所有建（构）筑物场地。建筑物规划和设计的开始阶段，涉及较大范围、多个场地的方案比较，测绘范围应包括与这些方案有关的所有地区。当工程进入后期设计阶段，只对某个具体场地或建筑位置进行测量调查，

其测绘范围只需局限于某建筑区的小范围内。可见，工程地质测绘范围随勘察阶段的提高而越来越小。

（2）影响工程建设的不良地质现象分布范围及其生成发育地段。

（3）因工程建设引起的工程地质现象可能影响的范围。建筑物的类型、规模不同，对地质环境的作用方式、强度、影响范围也就不同。工程地质测绘应视具体建筑类型选择合理的测绘范围。例如，大型水库，库水向大范围地质体渗入，必然引起较大范围地质环境变化；一般民用建筑，主要由于建筑物荷重使小范围内的地质环境发生变化。那么，前者的测绘范围至少要包括地下水影响到的地区，而后者的测绘范围不需很大。

（4）对查明测区工程地质条件有重要意义的场地邻近地段。

（5）工程地质条件特别复杂时，应适当扩大范围。工程地质条件复杂而地质资料不充足的地区，测绘范围应比一般情况下适当扩大，以能充分查明工程地质条件、解决工程地质问题为原则。

（二）工程地质测绘比例尺

工程地质测绘比例尺主要取决于勘察阶段、建筑类型、规模和工程地质条件复杂程度。

建筑场地测绘的比例尺，可行性研究勘察可选用 1 ： 5 000~1 ： 50 000；初步勘察可选用 1 ： 2 000~1 ： 10 000；详细勘察可选用 1 ： 500~1 ： 2 000；同一勘察阶段，当其地质条件比较复杂，工程建筑物又很重要时，比例尺可适当放大。

对工程有重要影响的地质单元体（滑坡、断层、软弱夹层、洞穴、泉等），可采用扩大比例尺表示。

火力发电工程地质测绘的比例尺可按表 4-1 确定。

表4-1 火力发电工程地质测绘的比例尺

建筑地段/设计阶段	可行性研究	初步设计
厂区、灰坝坝址、取水泵房	1：5 000~1：10 000	1：1 000~1：5 000
厂区/灰坝坝址、取水泵房	1：5 000~1：450 000	1：2 000~1：5 000
水管线、灰管线	1：5 000~1：450 000	1：12 000~1：110 000

（三）工程地质测绘精度

所谓测绘精度，是指野外地质现象观察描述及表示在图上的精确程度和详细程度。野外地质现象能否客观地反映在工程地质图上，除了取决于调查人员的技术素养外，还取决于工作细致程度。为此，对野外测绘点数量及工程地质图上表达的详细程度做出原则性规定：地质界线和地质观测点的测绘精度，在图上不应低于 3 mm。

野外观察描述工作中，不论何种比例尺，都要求整个图幅上平均 2~3 cm 范围内应有观测点。例如，比例尺 1 ： 50 000 的测绘，野外实际观察点 0.5~1 个 /km。实际工作中，视条件的复杂程度和观察点的实际地质意义，观察点间距可适当加密或加大，不必平均布点。

在工程地质图上，工程地质条件各要素的最小单元划分应与测绘的比例尺相适应。一般来讲，在图上最小投影宽度大于 2 mm 的地质单元体，均应按比例尺表示在图上。例如，比例尺 1 ： 2 000 的测绘，实际单元体（如断层带）尺寸大于 4 m 者均应表示在图上。重要的地质单元体或地质现象可适当夸大比例尺，即用超比例尺表示。

为了使地质现象精确地表示在图上，要求任何比例尺图上界线误差不得超过 3 mm。为了达到精度要求，通常要求在测绘填图中，采用比提交成图比例尺大一级的地形图作为填图的底图，如进行 1 ： 10 000 比例尺测绘时，常采用 1 ： 5 000 的地形图作为外业填图底图。外业填图完成后再缩成 1 ： 10 000 的成图，以提高测绘的精度。

四、工程地质测绘方法要点

工程地质测绘方法与一般地质测绘方法基本一样，在测绘区合理布置若干条观测路线，沿线布置一些观察点，对有关地质现象观察描述。观察路线布置应以最短路线观察最多的地质现象为原则。野外工作中，要注意点与点、线与线之间地质现象的互相联系，最终形成对整个测区空间上总体概念的认识。同时，还要注意把工程地质条件和拟建工程的作用特点联系起来分析研究，以便初步判断可能存在的工程地质问题。

地质观测点的布置、密度和定位应满足下列要求。

（1）在地质构造线、地层接触线、岩性分界线、标准层位和每个地质单元体上应有地质观测点。

（2）地质观测点的密度应根据场地的地貌、地质条件、成图比例尺及工程特点等确定，并应具代表性。

（3）地质观测点应充分利用天然和人工露头，如采石场、路堑、井、泉等。当露头少时，应根据具体情况布置一定数量的勘探工作。条件适宜时，还可配合进行物探工作，探测地层、岩性、构造、不良地质作用等问题。

（4）地质观测点的定位标测，对成图的质量影响很大，应根据精度要求和地质条件的复杂程度选用目测法、半仪器法和仪器法。地质构造线、地层接触线、岩性分界线、软弱夹层、地下水露头、有重要影响的不良地质现象等特殊地质观测点，宜用仪器法定位。

①目测法——适用于小比例尺的工程地质测绘，该法是根据地形、地物以目估或步测距离标测。

②半仪器法——适用于中等比例尺的工程地质测绘，它是借助于罗盘仪、气压计等简单的仪器测定方位和高度，使用步测或测绳量测距离。

③仪器法——适用于大比例尺的工程地质测绘，即借助于经纬仪、水准仪、全站仪等较精密的仪器测定地质观测点的位置和高程。对于有特殊意义的地质

观测点，如地质构造线、不同时代地层接触线、不同岩性分界线、软弱夹层、地下水露头及有不良地质作用等，均宜采用仪器法。

④卫星定位系统（GPS）——满足精度条件下均可应用。

为了保证测绘工作更好地进行，工作开始前应做好充分准备，如文献资料查阅分析工作、现场踏勘和工作部署、标准地质剖面绘制和工程地质填图单元划分等。测绘过程中，要切实做好地质现象记录、资料及时整理、分析等工作。

进行大面积中小比例尺测绘或者在工作条件不便等情况下进行工程地质测绘时，可以借助航片、卫片解译一些地质现象，对于提高测绘精度和工作进度，将会收到良好效果。航片、卫片以其不同的色调、图像形状、阴影、纹形等，反映了不同地质现象的基本特征。对研究地区的航卫片进行细致的解译，便可得到许多地质信息。我国利用航、卫片配合工程地质测绘或解决一些专门问题已取得不少经验。例如，低阳光角航片能迅速有效地查明活断层；红外扫描图片能较好地分析水文地质条件；小比例尺卫片便于进行地貌特征的研究；大比例尺航片对研究滑坡、泥石流、岩溶等物理地质现象非常有效。在进行区域工程地质条件分析，评价区域稳定性，进行区域物理地质现象和水文地质条件调查分析，进行区域规划和选址、地质环境评价和监测等方面，航片、卫片的应用前景是非常广阔的。

收集航片与卫片的数量，同一地区应有 2~3 套，一套制作镶嵌略图，一套用于野外调绘，一套用于室内清绘。

初步解译阶段，对航片与卫片进行系统的立体观测，对地貌及第四纪地质进行解译，划分松散沉积物与基岩界线，进行初步构造解译等。第二阶段是野外踏勘与验证。携带图像到野外，核实各典型地质体在照片上的位置，并选择一些地段进行重点研究，以及在一定间距穿越一些路线，做一些实测地质剖面和采集必要的岩性地层标本。

利用遥感影像资料解译进行工程地质测绘时，现场检验地质观测点数宜为工程地质测绘点数的 30%~50%。野外工作应包括下列内容：检查解译标志，检查解译结果，检查外推结果，对室内解译难以获得的资料进行野外补充。

最后阶段成图，将解译取得的资料、野外验证取得的资料及其他方法取得的资料，集中转绘到地形底图上，然后进行图面结构的分析。如有不合理现象，要进行修正，重新解译。必要时，到野外复验，至整个图面结构合理为止。

五、工程地质测绘与调查的成果资料

工程地质测绘与调查的成果资料应包括工程地质测绘实际材料图、综合工程地质图或工程地质分区图、综合地质柱状图、工程地质剖面图及各种素描图、照片和文字说明。

如果是为解决某一专门的岩土工程问题，也可编绘专门的图件。

在成果资料整理中应重视素描图和照片的分析整理工作。美国、加拿大、澳大利亚等国家的岩土工程咨询公司都充分利用了摄影和素描这个手段。这不仅有助于岩土工程成果资料的整理，而且在基坑、竖井等回填后，一旦由于科研上或法律诉讼上的需要，就比较容易恢复和重现一些重要的背景资料。在澳大利亚，几乎每份岩土工程勘察报告都附有典型的彩色照片或素描图。

第二节　工程地质勘探和取样

一、概述

通过工程地质测绘对地面基本地质情况有了初步了解以后，当需进一步探明地下隐伏的地质现象，了解地质现象的空间变化规律，查明岩土的性质和分布，采取岩土试样或进行原位测试时，可采用钻探、井探、槽探、洞探和地球

物理勘探等常用的工程地质勘探手段。勘探方法的选取应符合勘察目的和岩土的特性。

勘探方法应具备查明地表下岩土体的空间分布的基本功能：能够按照工程要求的岩土分类方法鉴定区分岩土类别；能够按照工程要求的精度确定岩土类别发生变化的空间位置。另外，由于室内实验的要求，在勘探过程中，需为采取岩、土及地下水试样提供条件以及满足开展某种原位测试的要求。勘探的方法很多，但在一项工程勘察中，一般不会采用所有的勘探方法，而是根据工程项目的特点和要求、勘察阶段和目的，特别是地层特性，有针对性地选择勘探方法。例如，要查明深部土层空间分布，钻探是最合适的方法；如果要探明浅埋地质现象和障碍物，探坑或探槽往往是首选的勘探方法。

现场勘探作业应以勘察纲要为指导，以事先在勘探点平面布置图上确定的勘探点位为依据，并通过场地附近的坐标和高程控制点现场测放定位勘探点。如果受现场地形地物影响需要调整勘探点位，应将实际勘探点位标注在平面图上，并注明与原来点位的偏差距离方位和高程信息。

工程地质勘探的主要任务：探明地下有关的地质情况，揭露并划分地层、量测界线，采取岩土样，鉴定和描述岩土特性、成分和产状；了解地质构造，不良地质现象的分布界限、形态等，如断裂构造、滑动面位置等；为深部取样及现场试验提供条件。自钻孔中选取岩土试样，供实验室分析，以确定岩土的物理力学性质；同时，勘探形成的坑孔可为现场原位试验提供场所，如十字板剪力试验、标准贯入试验、土层剪切波速测试地应力测试、水文地质试验等；揭露并测量地下水埋藏深度，采取水样供实验室分析，了解其物理化学性质及地下水类型；利用勘探坑孔可以进行某些项目的长期观测及不良地质现象处理等工作。

静力触探、动力触探作为勘探手段时，应与钻探等其他勘探方法配合使用。钻探和触探各有优缺点，有互补性，二者配合使用能取得良好的效果。触探的力学分层直观而连续，但单纯的触探由于其多解性容易造成误判。如以触探为主要勘探手段，除非有经验的地区，一般均应有一定数量的钻孔配合。

（1）岩土工程勘察技术工作是岩土工程师根据建设项目的特点和场地条件，按照相关技术标准的规定，通过测绘、勘探、测试和室内试验，取得反映场地岩土工程条件、满足工程分析和设计需要的资料数据，综合研究工程特性、环境地质、工程地质、水文地质和地震地质条件等，经过计算、分析、论证，提出解决岩土工程问题的具体方法、岩土工程设计准则和施工指导意见等，以及工程施工中的岩土工程技术服务。

（2）岩土工程勘察技术工作的主要内容如下：进行现场踏勘，搜集分析研究已有资料，制定岩土工程勘察纲要，对工程地质测绘与调查、勘探与取样、原位测试、工程物探、室内试验、现场试验、检测监测等现场实物工作进行技术指导和督查，以勘察成果为基础，进行资料整理、绘制图表，经过统计计算、分析论证、综合评价，提交岩土工程勘察报告。

（3）岩土工程勘察技术工作收费 =（工程地质测绘实物工作收费 + 勘探实物工作收费 + 取试样实物工作收费 + 原位测试实物工作收费 + 勘探点定点测量实物工作收费 + 钻孔波速测试实物工作收费 + 室内试验实物工作收费）× 岩土工程勘察技术工作费收费比例。

（4）在国标《岩土工程勘察规范》中，根据岩土工程重要性、场地复杂程度和地基复杂程度将岩土工程勘察划分为甲级、乙级和丙级 3 个等级。据此，将技术工作收费比例划分为相对应的 3 个等级。

（5）对利用已有勘察资料提出勘察报告的情况做出规定。由于没有进行勘察作业，技术工作收费无法按照工程勘察实物工作量的一定比例计费。在此情况下，先计算获取已有勘察资料的工程勘察实物工作量；再以该实物工作量为基础，按照本收费标准计算相应的实物工作收费额，以此作为该岩土工程勘察技术工作收费的计费基数。但计算工程勘察收费，不将利用已有勘察资料的实物工作费计算在内。

布置勘探工作时应考虑勘探对工程自然环境的影响，防止对地下管线、地下工程和自然环境的破坏。钻孔、探井和探槽完工后应妥善回填，否则可能造成对自然环境的破坏，这种破坏往往在短期内或局部范围内不易察觉，但能引起严重后果。因此，一般情况下钻孔、探井和探槽均应回填，且应分段回填夯实。

进行钻探、井探槽深和洞探时，应采取有效措施，确保施工安全。

二、工程地质钻探

钻探广泛应用于工程地质勘察，是岩土工程勘察的基本手段。通过钻探提取岩芯和采集岩土样以鉴别和划分地层，测定岩土层的物理力学性质，需要时还可直接在钻孔内进行原位测试，其成果是进行工程地质评价和岩土工程设计、施工的基础资料，钻探质量的高低对整个勘察的质量起决定性的作用。除地形条件对机具安置有影响外，几乎任何条件下均可使用钻探方法。由于钻探工作耗费人力、物力和财力较大，因此，要在工程地质测绘及物探等工作基础上合理布置钻探工作。

钻探工作中，岩土工程勘察技术人员主要做三方面工作：一是编制作为钻探依据的设计书；二是在钻探过程中进行岩心观测、编录；三是钻探结束后进行资料内业整理。

（一）钻孔设计书编制

钻探工作开始之前，岩土工程勘察技术人员除编制整个项目的岩土工程勘察纲要外，还应逐个编制钻孔设计书。在设计书中，应向钻探技术人员阐明如下内容：

（1）钻孔的位置，钻孔附近地形、地质概况。

（2）钻孔目的及钻进中应注意的问题。

（3）钻孔类型、孔深、孔身结构、钻进方法、开孔和终孔直径、扩径深度、钻进速度及固壁方式等。

（4）应根据已掌握的资料，绘制钻孔设计柱状剖面图，说明将要遇到的地层岩性、地质构造及水文地质情况，以便钻探人员掌握一些重要层位的位置，加强钻探管理，并据此确定钻孔类型、孔深及孔身结构。

（5）提出工程地质要求，包括岩心采取率、取样、孔内试验、观测、止水及编录等各方面的要求。

（6）说明钻探结束后对钻孔的处理意见，钻孔留作长期观测或封孔。

（二）钻探方法的选择

工程地质勘察中使用的钻探方法较多。一般情况下，采用机械回转式钻进，常规口径为开孔 168 mm、终孔 91 mm。但不是所有的方法都能满足岩土工程勘察的特定要求。例如，冲洗钻探能以较高的速度和较低的成本达到某一深度，能了解松软覆盖层下的硬层（如基岩、卵石）的埋藏深度，但不能准确鉴别所通过的地层。因此一定要根据勘察的目的和地层的性质来选择适当的钻探方法，既满足质量标准，又避免不必要的浪费。

在踏勘调查基坑检验等工作中可采用小口径螺旋钻、小口径勺钻、洛阳铲等简易钻探工具进行浅层土的勘探。

实际工作中的偏向是着重注意钻进的有效性，而不太重视如何满足勘察技术要求。为了避免这种偏向，达到一定的目的，制定勘察工作纲要时，不仅要规定孔位、孔深，而且要规定钻探方法。钻探单位应按任务书指定的方法钻进，提交成果中也应包括钻进方法的说明。在实际工程中，钻探的一个重要功能是为采取满足质量要求的试样提供条件。对于要求采取岩土试样的钻孔，应采用扰动小的回转钻进方法。如在黏性土层钻进，根据经验一般可采用螺旋钻进；对于碎石土，可采用植物胶浆液护臂金刚石单动双管钻具钻进。

钻探方法和工艺多年来一直在不断发展。例如，用于覆盖层的金刚石钻进、全孔钻进及循环钻进，定向取芯、套钻取芯工艺，用于特种情况的倒锤孔钻进，软弱夹层钻进等，这些特殊钻探方法和工艺在某些情况下有其特殊的使用价值。对于需要鉴别土层天然湿度和划分土层的钻孔，在地下水位以上，应采用干钻。如果需要加水或使用循环液时，应采用内管超前的双层岩芯管钻进或三重管取土器钻进。

一般条件下，工程地质钻探采用垂直钻进方式。某些情况下，如被调查的地层倾角较大，可选用斜孔或水平孔钻进。

总之，在选择钻探方法时，首先应考虑所选择的钻探方法是否能够有效地钻至所需深度，并能以一定的精度鉴定穿过地层的岩土类别和特性，确定其埋藏深度、分层界线和厚度，查明钻进深度范围内地下水的赋存情况；其次要考虑能够满足取样要求，或进行原位测试，避免或减轻对取样段的扰动。

（三）钻探技术要求

1. 钻探点位测设于实地应符合下列要求

（1）初步勘察阶段：平面位置允许偏差 ±0.5 m，高程允许偏差 ±5 cm。

（2）详细勘察阶段：平面位置允许偏差 ±0.25 m，高程允许偏差 ±5 cm；城市规划勘察阶段选址勘察阶段：可利用适当比例尺的地形图依地形地物特征确定钻探点位和孔口高程。钻进深度、岩土分层深度的测量误差范围不应低于 ±5 cm。

（3）因障碍改变钻探点位时，应将实际钻探位置及时标明在平面图上，注明与原桩位的偏差距离、方位和地面高差，必要时应重新测定点位。

（4）钻孔口径和钻具规格应根据钻探目的和钻进工艺，采取原状土样的钻孔，口径不得小于 91 mm，仅需鉴别地层的钻孔，口径不宜小于 36 mm；在湿陷性黄土中，钻孔口径不宜小于 150 mm。

（5）应严格控制非连续取芯钻进的回次进尺，使分层精度符合要求。

螺旋钻探回次进尺不宜超过 1.0 m，在主要持力层中或重点研究部位，回次进尺不宜超过 0.5 m，并应满足鉴别厚度小至 20 cm 的薄层的要求。对岩芯钻探，回次进尺不得超过岩芯管长度，在软质岩层中不得超过 2.0 m。

在水下粉土、砂土层中钻进，当土样不易带上地面时，可用对分式取样器或标准贯入器间断取样，其间距不得大于 1.0 m。取样段之间则用无岩芯钻进方式通过，亦可采用无泵反循环方式用单层岩芯管回转钻进并连续取芯。

（6）为了尽量减少对地层的扰动，保证鉴别的可靠性和取样质量，对要求鉴别地层和取样的钻孔，均应采用回转方式钻进，取得岩土样品。遇到卵石、漂石、碎石、块石等类地层不适用于回转钻进时，可改用振动回转方式钻进。

对鉴别地层天然湿度的钻孔，在地下水位以上应进行干钻。当必须加水或使用循环液时，应采用能隔离冲洗液的二重或三重管钻进取样。在湿陷性黄土中应采用螺旋钻头钻进，亦可采用薄壁钻头锤击钻进。操作应符合“分段钻进、逐次缩减、坚持清孔”的原则。

对可能坍塌的地层应采取钻孔护壁措施。在浅部填土及其他松散土层中可采用套管护壁。在地下水位以下的饱和软黏性土层、粉土层和砂层中宜采用泥浆护壁。在破碎岩层中可视需要采用优质泥浆、水泥浆或化学浆液护壁。冲洗液漏失严重时，应采取充填、封闭等堵漏措施。钻进中应保持孔内水头压力等于或稍大于孔周地下水压，提钻时应能通过钻头向孔底通气通水，防止孔底土层由于负压、管涌而受到扰动破坏。如若采用螺纹钻头钻进，则引起管涌的可能性较大，故必须采用带底阀的空心螺纹钻头（提土器），以防止提钻时产生负压。

（7）岩芯钻探的岩心采取率应逐次计算，完整和较完整岩体不应低于80%，较破碎和破碎岩体不应低于65%。对需重点查明的部位（滑动带、软弱夹层等）应采用双层岩芯管连续取芯。当需要确定岩石质量指标 RQD 时，应采用 75 mm 口径（N 型）双层岩芯管和金刚石钻头。

（8）钻进过程中各项深度数据均应测量获取，累计量测允许误差为 ± 5 cm。深度超过 100 m 的钻孔及有特殊要求的钻孔包括定向钻进、跨孔法测量波速，应测斜、防斜，保持钻孔的垂直度或预计的倾斜度与倾斜方向。对垂直孔，每 50 m 测量一次垂直度，每深 100 m 允许偏差为 ± 2°。对斜孔，每 25 m 测量一次倾斜角和方位角，允许偏差应根据勘探设计要求确定。钻孔斜度及方位偏差超过规定时，应及时采取纠斜措施。倾角及方位的测量精度应分别为 ± 0.1°、± 3.0°。

（四）地下水观测

野外记录应由经过专业训练的人员承担。钻探记录应在钻探进行过程中同时完成，严禁事后追记，记录内容应包括岩土描述及钻进过程两个部分。

钻探现场记录表的各栏均应按钻进回次逐项填写。在每个回次中发现变层时，应分行填写，不得将若干回次或若干层合并一行记录。现场记录不得誊录转抄，误写之处可以画去，在旁边做更正，不得在原处涂抹修改。

1. 岩土描述

钻探现场描述可采用肉眼鉴别、手触方法，有条件或勘察工作有明确要求时，可采用微型贯入仪等标准化、定量化的方法。

各类岩土描述应包括的内容如下。

（1）砂土：应描述名称、颜色、湿度、密度、粒径、浑圆度、胶结物、包含物等。

（2）黏性土、粉土：应描述名称、颜色、湿度、密度、状态、结构、包含物等。

（3）岩石：应描述颜色、主要矿物、结构、构造和风化程度。对沉积岩尚应描述颗粒大小、形状、胶结物成分和胶结程度；对岩浆岩和变质岩尚应描述矿物结晶大小和结晶程度。对岩体的描述还应包括结构面、结构体特征和岩层厚度。

2. 钻进过程的记录内容

关于钻进过程的记录内容应符合下列要求：

（1）使用的钻进方法、钻具名称、规格、护壁方式等。

（2）钻进的难易程度、进尺速度、操作手感、钻进参数的变化情况。

（3）孔内情况，应注意缩径、回淤、地下水位或冲洗液位及其变化等。

（4）取样及原位测试的编号深度位置、取样工具名称规格、原位测试类型及其结果。

（5）岩心采取率、RQD 值等。

应对岩芯进行细致的观察、鉴定，确定岩土体名称，进行岩土有关物理性状的描述。钻取的芯样应由上而下按回次顺序放进岩芯箱并按次序将岩芯排列编号，芯样侧面上应清晰标明回次数块号、本回次总块数，并做好岩芯采取情况的统计工作，包括岩芯采取率、岩芯获得率和岩石质量指标的统计。此三项指标均是反映岩石质量好坏的依据，其数值越大，反映岩石性质越好。但是，性质并不好的破碎或软弱岩体，有时也可以取得较多的细小岩芯，倘若按岩芯采取率与岩芯获得率统计，也可以得到较高的数值，按此标准评价其质量，显然不合理，因而，在实际中广泛使用 RQD 指标进行岩芯统计，评价岩石质量好坏。

（6）其余异常情况。

3. 钻探成果

资料整理主要包括以下工作：

（1）编制钻孔柱状图。

（2）填写操作及水文地质日志。

（3）岩土芯样可根据工程要求保存一定期限或长期保存，亦可进行岩芯素描或拍摄岩芯、土芯彩照。

这三份资料实质上是前述工作的图表化直观反映，它们是最终的钻探成果，一定要认真整理、编制，以备存档查用。

三、工程地质坑探

当钻探方法难以准确查明地下情况时，可采用探井、探槽进行勘探。在坝址、地下工程、大型边坡等勘察中，需详细查明深部岩层性质、构造特征时，可采用竖井或平硐。

（一）坑探工程类型

坑探是由地表向深部挖掘坑槽或坑洞，以便地质人员直接深入地下了解有关地质现象或进行试验等使用的地下勘探工作。勘探中常用的勘探工程包括探槽、试坑、浅井（或斜井）、平硐、石门（平巷）等类型。

（二）坑探工程施工要求

探井的深度、竖井和平硐的深度、长度、断面按工程要求确定。

探井断面可用圆形或矩形。圆形探井直径可取 0.8~1.0 m； 矩形探井可取 0.8 m × 1.2 m。根据土质情况，需要适当放坡或分级开挖时，井口可大于上述尺寸。

探井探槽深度不宜超过地下水位且不宜超过 20 m。掘进深度超过 10 m，必要时应向井、槽底部通风。

土层易坍塌，又不允许放坡或分级开挖时，对井槽壁应设支撑保护。根据土质条件可采用全面支护或间隔支护。全面支护时，应每隔 0.5 m 及在需要着重观察部位留下检查间隙。探井、探槽开挖过程中的土石方必须堆放在离井槽口边缘至少 1.0 m 以外的地方。雨季施工应在井、槽口设防雨棚，开挖排水沟，防止地面水及雨水流入井、槽内。

遇大块孤石或基岩，用一般方法不能掘进时，可采用控制爆破方式掘进。

（三）资料成果整理

坑探掘进过程中或成洞后，应详细进行有关地质现象的观察描述，并将所观察到的内容用文字及图表表示出来，即工程地质编录工作。除文字描述记录外，尚应以剖面图、展示图等反映井、槽、洞壁和底部的岩性、地层分界、构造特征、取样和原位试验位置并辅以代表性部位的彩色照片。

1. 坑洞地质现象的观察描述

观察、描述的内容因类型及目的不同而不同，一般包括以下内容：地层岩性的分层和描述；地质结构（包括断层、裂隙、软弱结构面等）特征的观察描述；岩石风化特点描述及分带；地下水渗出点位置及水质水量调查；不良地质现象调查；等等。

2. 坑探工程展示图编制

展示图是任何坑探工程必须制作的重要地质图件，它是将每一壁面的地质现象按划分的单元体和一定比例尺表示在一张平面图上。对于坑洞任一壁（或顶底）面而言，展示图的做法同测制工程地质剖面方法完全一样。但如何把每个壁面有机地连在一起，表示在一张图上，则有不同的展开表示方法。原则上既要如实反映地质内容，又要图件实用美观，一般有如下展开方法。

（1）四面辐射展开法。

该法是将四壁各自向外放平，投影在一个平面上。对于试坑或浅井等近立方形坑洞可以采用这种方法。缺点是四面辐射展开图件不够美观，而且地质现象往往被割裂开来。

（2）四面平行展开法。

该法是以一面为基准，其他三面平行展开。浅井、竖井等竖向长方体坑洞宜采用此种展开法。缺点是图中无法反映壁面的坡度。平硐这类水平长方体，宜以底面（或顶面）为基准，两壁面展开，为了反映顶、底、两侧壁及工作面等5个面的情况，在展开过程中，常常遇到开挖面不平直或有一定坡度的问题。一般情况下，可按理想的标准开挖面考虑；否则，采用其他方法予以表示。

四、岩土试样的采取

取样的目的是通过对样品的鉴定或试验，试验岩、土体的性质，获取有关岩、土体的设计计算参数。岩土体特别是土体通常是非均质的，而取样的数量总是有限，因此必须力求以有限的取样数量反映整个岩、土体的真实性状。这就要求采用良好的取样技术，包括取样的工具和操作方法，使所取试样能尽可能地保持岩土的原位特征。

（一）土试样的质量分级

严格地说，任何试样，一旦从母体分离出来成为样品，其原位特征或多或少会发生改变，围压的变化更是不可避免的。试样从地下到达地面之后，原位承受的围压降低至大气压力。

土试样可能因此产生体积膨胀，孔隙水压的重新分布，水分的转移可能会使岩石试样出现裂隙地张开甚至发生爆裂。软质岩石与土试样很容易在取样过程中受到结构的扰动破坏，取出地面之后，密度、湿度改变并发生一系列物理、化学的变化。由于这些原因，绝对的代表原位性状的试样是不可能获得的。因此，Hvorslev 将“能满足所有室内试验要求，能用以近似测定土的原位强度、固结、渗透以及其他物理性质指标的土样”定义为“不扰动土样”。从工程实用角度而言，用于不同试验项目的试样有不同的取样要求。例如，要求测定岩土的物理、化学成分时，必须注意防止有同层次岩土的混淆；要了解岩土的密度和湿度时，必须尽量减轻试样的体积压缩或松胀、水分的损失或渗入；要了解岩土的力学性质时，除上述要求外，还必须力求避免试样的结构扰动破坏。

土试样质量应根据试验目的按表 4-2 分为四个等级。

表4-2 土试样质量等级

级别	扰动程度	试验内容
一	不扰动	土类定名、含水量，密度，强度试验，固结试验
二	轻微扰动	土类定名、含水量，密度土类定名，含水量土类定名
三	显著扰动	土类定名，含水量
四	完全扰动	土类定名

注：①不扰动是指原位应力状态虽已改变，但土的结构、密度和含水量变化很小不能满足室内试验各项要求。

②除地基基础设计等级为甲级的工程外，在工程技术要求允许的情况下可用 I 级土试样进行强度和固结试验，但宜先对土试样受扰动程度做抽样鉴定，判定用于试验的适宜性，并结合地区经验使用试验成果。

土试样扰动程度的鉴定有多种方法，大致可分为以下几类。

1. 现场外观检查

观察土样是否完整，有无缺陷，取样管或衬管是否挤扁、弯曲、卷折等。

2. 测定回收率

按照 Hvorslev 的定义，回收率为 L/H，其中，H 为取样时取土器贯入孔底以下土层的深度；L 为土样长度，可取土试样毛长，而不必是净长，即可从土试样顶端算至取土器刃口，下部如有脱落可不扣除。

回收率等于 0.98 左右是最理想的，大于 1.0 或小于 0.95 是土样受扰动的标志；取样回收率可在现场测定，但使用敞口式取土器时，测定有一定的困难。

3.X 射线检验

可发现裂纹、空洞、粗粒包裹体等。

应当指出，上述指标的特征值不仅取决于土试样的扰动程度，而且与土的自身特性和试验方法有关，故不可能提出一个统一的衡量标准，各地应按照本地区的经验参考使用上述方法和数据。

一般而言，事后检验把关并不是保证土试样质量的积极措施。对土试样做质量分级的指导思想是强调事先的质量控制，即对采取某一级别土试样所必须使用的设备和操作条件做出严格的规定。

（二）土试样采取的工具和方法

土样采取有两种途径：一是操作人员直接从探井、探槽中采取；二是在钻孔中通过取土器或其他钻具采取。从探井、探槽中采取的块状或盒状土样被认为是质量最高的。对土试样质量的鉴定，往往以块状或盒状土样作为衡量比较的标准。但是，探井、探槽开挖成本高、时间长并受到地下水等多种条件的制约，因此块状、盒状土样不是经常能得到的。实际工程中，绝大部分土试样是在钻孔中利用取土器具采取的。个别孔取样需要根据岩、土性质、环境条件，采用不同类型的钻孔取土器。

1. 钻孔取土器的分类

钻孔取土器类型如表 4-3 所示。

表4-3　钻孔取土器类型

取土器划分原则	取土器类型
按贯入方式	锤击式、回转式，包括静压式
按取样管壁厚度	厚壁式、薄壁式、束节式
按结构特征（底端是否封闭）	敞口式，活塞式（包括固定活塞式、自由活塞式、水压固定活塞式）
回转式按衬管活动情况	双层单动取土器（如丹尼森取土器、皮切尔取土器）、双层双动取土器（二重管、三重管）
按封闭形式	球阀式、活阀式、气压式

2. 钻孔取土器的技术参数与系列规格

贯入型取土器的取样质量首先决定于它的取样管的几何尺寸与形状。早在20世纪40年代，通过大量的试验研究，提出了取土器设计制造所应控制的基本技术参数。

为了促进我国取土器的标准化、系列化，我国工程勘察协会原状取土器标准化系列化工作委员会提出了中国取土器的系列标准。

在钻孔中采取Ⅰ、Ⅱ级砂样时，可采用原状取砂器，也可采用冷冻法采取砂样。

（三）钻探采样的技术要求

钻孔取样的效果不单纯决定于采用什么样的取土器，还取决于取样全过程的操作技术。在钻孔中采取Ⅰ、Ⅱ级砂样时，应满足下列要求。

1. 钻孔施工的一般要求

（1）采取原状土样的钻孔，孔径应比使用的取土器外径大一个径级。

（2）在地下水位以上，应采用干法钻进，不得注水或使用冲洗液。土质较硬时，可采用二（三）重管回转取土器，钻进、取样合并进行。

（3）在饱和软黏性土、粉土、砂土中钻进，宜采用泥浆护壁；采用套管时应先钻进后跟进套管，套管的下设深度与取样位置之间应保留三倍管径以上的距离；不得向未钻过的土层中强行击入套管；为避免孔底土隆起受扰，应始终保持套管内的水头高度等于或稍高于地下水位。

（4）钻进宜采用回转方式；在地下水位以下钻进应采用通气通水的螺旋钻头、提土器或岩芯钻头，在鉴别地层方面无严格要求时，也可以采用侧喷式冲洗钻头成孔，但不得使用底喷式冲洗钻头；在采取原状土试样的钻孔中，不宜采用振动或冲击方式钻进，采用冲洗、冲击、振动等方式钻进时，应在预计取样位置 1 m 以上改用回转钻进。

（5）下放取土器前应仔细清孔，清除扰动土，孔底残留浮土厚度不应大于取土器废土段长度（活塞取土器除外）且不得超过 5 cm。

（6）钻机安装必须牢固，保持钻进平稳，防止钻具回转时抖动，升降钻具时应避免对孔壁的扰动破坏。

2. 贯入式取土器取样操作要求

（1）取土器应平稳下放，不得冲击孔底。取土器下放后，应核对孔深与钻具长度，发现残留浮土厚度超过规定时，应提起取土器重新清孔。

（2）采取Ⅰ级原状土试样，应采用快速、连续的静压方式贯入取土器，贯入速度不小于 0.1 m/s，利用钻机的给进系统施压时，应保证具有连续贯入的足够行程；采取Ⅱ级原状土试样可使用间断静压方式或重锤少击方式。

（3）在压入固定活塞取土器时，应将活塞杆牢固地与钻架连接起来，避免活塞向下移动；在贯入过程中监视活塞杆的位移变化时，可在活塞杆上设定相对于地面固定点的标志测记其高差；活塞杆位移量不得超过总贯入深度的 1%。

（4）贯入取样管的深度宜控制在总长的 90% 左右；贯入深度应在贯入结束后仔细量测并记录。

（5）提升取土器之前，为切断土样与孔底土的联系，可以回转 2~3 圈或者稍加静置之后再提升。

（6）提升取土器应做到均匀平稳，避免磕碰。

3. 回转式取土器取样操作要求

（1）采用单动、双动二（三）重管采取原状土试样，必须保证平稳回转钻进，使用的钻杆应事先校直；为避免钻具抖动，造成土层的扰动，可在取土器上加接重杆。

（2）冲洗液宜采用泥浆，钻进参数宜根据各场地地层特点通过试钻确定或根据已有经验确定。

（3）取样开始时应将泵压、泵量减至能维持钻进的最低限度，然后随着进尺的增加，逐渐增加至正常值。

（4）回转取土器应具有可改变内管超前长度的替换管靴；内管口至少应与外管齐平，随着土质变软，可使内管超前增加至 50~150 mm；对软硬交替的土层，宜采用具有自动调节功能的改进型单动二（三）重管取土器。

（5）对硬塑以上的硬质黏性土、密实砾砂、碎石土和软岩中，可使用双动三重管取样器采取原状土试样；对于非胶结的砂、卵石层，取样时可在底靴上加置逆爪。

（6）采用无泵反循环钻进工艺，可以用普通单层岩芯管采取砂样；在有充足经验的地区和可靠操作的保证下，可作为Ⅱ级原状土试样。

（四）土样的现场检验、封装、贮存、运输

1. 土试样的卸取

取土器提出地面之后，小心地将土样连同容器（衬管）卸下，并应符合下列要求。

（1）以螺钉连接的薄壁管，卸下螺钉即可取下取样管。

（2）对丝扣连接的取样管回转型取土器，应采用链钳、自由钳或专用扳手卸开，不得使用管钳之类易使土样受挤压或使取样管受损的工具。

（3）采用外管非半合管的带衬管取土器时，应使用推土器将衬管与土样从外管推出，并应事先将推土端土样削至略低于衬管边缘，防止推土时土

样受压。

（4）对各种活塞取土器，卸下取样管之前应打开活塞气孔，消除真空。

2. 土样的现场检验

对钻孔中采取的I级原状土试样，应在现场测量取样回收率。取样回收率大于1.0或小于0.95时，应检查尺寸量测是否有误，土样是否受压，根据情况决定土样废弃或降低级别使用。

3. 封装、标识、贮存和运输

1、2、3级土试样应妥善密封，防止湿度变化，土试样密封后应置于温度及湿度变化小的环境中，严防曝晒或冰冻。土样采取之后至开土试验之间的贮存时间，不宜超过两周。

土样密封可选用下列方法：

（1）将上下两端各去掉约20 mm，加上一块与土样截面面积相当的不透水圆片，再浇灌蜡液，至与容器齐平，待蜡液凝固后扣上胶或塑料保护帽。

（2）用配合适当的盒盖将两端盖严后，将所有接缝用纱布条蜡封或用胶带封口。

每个土样封蜡后均应填贴标签，标签上下应与土样上下一致，并牢固地粘贴于容器外壁。土样标签应记载下列内容：工程名称或编号；孔号、土样编号、取样深度；土类名称；取样日期；取样人姓名等。土样标签记载应与现场钻探记录相符。取样的取土器型号、贯入方法、锤击时击数、回收率等应在现场记录中详细记载。

运输土样，应采用专用土样箱包装，土样之间用柔软缓冲材料填实。一箱土样总重不宜超过40 kg，在运输中应避免振动。对易于振动液化和水分离析的土试样，不宜长途运输，宜在现场就近进行试验。

（五）岩石试样

岩石试样可利用钻探岩芯制作或在探井、探槽、竖井和平洞中刻取。采取的毛样尺寸应满足试块加工的要求。在特殊情况下，试样形状、尺寸和方向由岩体力学试验设计确定。

五、工程地质物探

应用于工程建设水文地质和岩土工程勘测中的地球物理勘探统称工程物探（以下简称物探）。它是利用专门仪器探测地壳表层各种地质体的物理场，包括电场、磁场、重力场等，通过测得的物理场特性和差异来判明地下各种地质现象，获得某些物理性质参数的一种勘探方法。这些物理场特性和差异分别由于各地质体间导电性、磁性、弹性、密度、放射性、波动性等物理性质及岩土体的含水性、空隙性、物质成分、固结胶结程度等物理状态的差异表现出来。采用不同探测方法可以测定不同的物理场，因而便有电法勘探、地震勘探、磁法勘探等物探方法。目前常用的方法有电法、地震法、测井法、岩土原位测试技术、基桩无损检测技术、地下管线探测技术、氡气探测技术、声波测试技术、瑞雷波测试技术等。

（一）物探在岩土工程勘察中的作用

物探是地质勘测、地基处理、质量检测的重要手段。结合工程建设勘测设计的特点，合理地使用物探，可提高勘测质量，缩短工作周期，降低勘探成本。岩土工程勘察中可在下列方面采用地球物理勘探。

（1）作为钻探的先行手段，了解隐蔽的地质界线、界面或异常点。

（2）作为钻探的辅助手段，在钻孔之间增加地球物理勘探点，为钻探成果的内插外推提供依据。

（3）作为原位测试手段，测定岩土体的波速、动弹性模量、特征周期、土对金属的腐蚀性等参数。

（二）物探方法的适用条件

应用地球物理勘探方法时，应具备下列基本条件 .

（1）被探测对象与周围介质应存在明显的物性（电性、弹性、密度、放射性等）差异。

（2）探测对象的厚度、宽度或直径，相对于埋藏深度应具有一定的规模。

（3）探测对象的物性异常能从干扰背景中清晰分辨。

（4）地形影响不应妨碍野外作业及资料解释，或对其影响能利用现有手段进行地形修正。

（5）物探方法的有效性，取决于最大限度地满足被探测对象与周围介质应存在的明显物性差异。在实际工作中，由于地形、地貌、地质条件的复杂多变，在具体应用时，应符合下列要求：

①通过研究和在有代表性地段进行方法的有效性试验，正确选择工作方法；

②利用已知地球物理特征进行综合物探方法研究；

③运用勘探手段查证异常性质，结合实际地质情况对异常进行再推断。

物探方法的选择，应根据探测对象的埋深、规模及其与周围介质的物性差异，结合各种物探方法的适用条件选择有效的方法。

（三）物探的一般工作程序

物探的一般工作程序是接受任务、收集资料、现场踏勘、编制计划、方法试验、外业工作、资料整理、提交成果。在特殊情况下，也可以简化上述程序。

在正式接受任务前，应会同地质人员进行现场踏勘，如有必要应进行方法试验。通过踏勘或方法试验确认不具备物探工作条件时，可申述理由请求撤销或改变任务。

工作计划大纲应根据任务书要求，在全面收集和深入分析测区及其邻近区域的地形、地貌、水系、气象、交通、地质资料与已知物探资料的基础上，结合实际情况进行编制。

（四）物探成果的判识及应用

物探过程中，工程地质、岩土工程和地球物理勘探的工程师应密切配合，共同制订方案，分析判认成果。

进行物探成果判识时，应考虑其多解性，区分有用信息与干扰信号。物探工作必须紧密地与地质相结合，重视试验及物性参数的测定，充分利用岩土介质的各种物理特性，需要时应采用多种方法探测，开展综合物探，进行综合判识，克服单一方法条件性、多解性的局限，以获得正确的结论，并应有已知物探参数或一定数量的钻孔验证。

物探工作应积极采用和推广新技术，开拓新途径，扩大应用范围；重视物探成果的验证及地质效果的回访。

第三节　原位测试

在岩土工程勘察中，原位测试是十分重要的手段，在探测地层分布、测定岩土特性、确定地基承载力等方面有突出的优点，应与钻探取样和室内试验配合使用。在有经验的地区，可以原位测试为主。在选择原位测试方法时，应根据岩土条件、设计对参数的要求、设备要求、勘察阶段、地区经验和测试方法的适用性等因素选用，而地区经验的成熟程度最为重要。

布置原位测试，应注意配合钻探取样进行室内试验。一般应以原位测试为基础，在选定的代表性地点或有重要意义的地点采取少量试样，进行室内试验。这样的安排有助于缩短勘察周期，提高勘察质量。

根据原位测试成果，利用地区性经验估算岩土工程特性参数和对岩土工程问题做出评价时，应与室内试验和工程反算参数做对比，检验其可靠性。原位测试成果的应用，应以地区经验的积累为依据。由于我国各地的土层条件、岩土特性有很大差别，建立全国统一的经验关系是不可取的，应建立地区性的经验关系，这种经验关系必须经过工程实践的验证。

原位测试的仪器设备应定期检验和标定。各种原位测试所得的试验数据，造成误差的因素是较为复杂的，分析原位测试成果资料时，应注意仪器设备、试验条件、试验方法、操作技能、土层的不均匀性等对试验的影响，对此应有基本的估计，结合地层条件，剔除异常数据，提高测试数据的精度。静力触探和圆锥动力触探，在软硬地层的界面上，有超前和滞后效应，应予以注意。

一、载荷试验

（一）载荷试验的目的、分类和适用范围

载荷试验，用于测定承压板下应力主要影响范围内岩土的承载力和变形模量。天然地基土载荷试验有平板、螺旋板载荷试验两种，常用的是平板载荷试验。

平板载荷试验是在岩土体原位用一定尺寸的承压板，施加竖向荷载，同时观测各级荷载作用下承压板沉降，测定岩土体承载力和变形特性；平板载荷试验有浅层平板、深层平板载荷试验两种。浅层平板载荷试验，适用于浅层地基土。对于地下深处和地下水位以下的地层，浅层平板载荷试验已显得无能为力。深层平板载荷试验适用于深层地基土和大直径桩的桩端土。深层平板载荷试验的试验深度不应小于 5 m。

螺旋板载荷试验是将螺旋板旋入地下预定深度，通过传力杆向螺旋板施加竖向荷载，同时量测螺旋板沉降测定土的承载力和变形特性。螺旋板载荷试验适用于深层地基土或地下水位以下的地基土。进行螺旋板载荷试验时，如旋入螺旋板深度与螺距不相协调，土层也可能发生较大扰动。当螺距过大，竖向荷载作用大，可能发生螺旋板本身的旋进，影响沉降的量测。这些问题应注意避免。

（二）试验设备

1. 平板载荷试验设备

平板载荷试验设备一般由加荷及稳压系统、反力锚定系统和观测系统三部分组成：

（1）加荷及稳压系统：由承压板、立柱、油压千斤顶及稳压器等组成。采用液压加荷稳压系统时，还包括稳压器、储油箱和高压油泵等，分别用高压胶管连接与加荷千斤顶构成一个油路系统。

（2）反力锚定系统：常采用堆重系统或地锚系统，也有采用坑壁（或洞顶）反力支撑系统。

（3）观测系统：用百分表观测或自动检测记录仪记录，包括百分表（或位移传感器）、基准梁等。

2. 螺旋板载荷试验设备

国内常用的是由华东电力设计院研制的 YDL 型螺旋板载荷试验仪。该仪器是由地锚和钢梁组成反力架，螺旋承压板上端装有压力传感器，由人力通过传力杆将承压板旋入预定的试验深度，在地面上用液压千斤顶通过传力杆对板施加荷载，沉降量是通过传力杆在地面上量测。

（三）试验点位置的选择

天然地基载荷试验点应布置在有代表性的地点和基础底面标高处，且布置在技术钻孔附近。当场地地质成因单一、土质分布均匀时，试验点离技术钻孔距离不应超过 10 m，反之不应超过 5 m，也不宜小于 2 m。严格控制试验点位置选择的目的是使载荷试验反映的承压板影响范围内地基土的性状与实际基础下地基土的性状基本一致。

载荷试验点，每个场地不宜少于3个，当场地内岩土体不均时，应适当增加。

一般认为，载荷试验在各种原位测试中是最为可靠的，并以此作为其他原位测试的对比依据。但这一认识的正确性是有前提条件的，即基础影响范围内的土层应均一。实际土层往往是非均质土或多层土，当土层变化复杂时，载荷试验反映的承压板影响范围内地基土的性状与实际基础下地基土的性状将有很大的差异。故在进行载荷试验时，对尺寸效应要有足够的估计。

（四）试验的一般技术要求

（1）浅层平板载荷试验的试坑宽度或直径不应小于承压板宽度或直径的3倍；深层平板载荷试验的试井直径应等于承压板直径；当试井直径大于承压板直径时，紧靠承压板周围土的高度不应小于承压板直径。

对于深层平板载荷试验，试井截面应为圆形，直径宜取0.8~1.2 m，并有安全防护措施；承压板直径取800 mm时，采用厚约300 mm的现浇混凝土板或预制的刚性板；可直接在外径为800 mm的钢环或钢筋混凝土管柱内浇筑；紧靠承压板周围土层高度不应小于承压板直径，以尽量保持半无限体内部的受力状态，避免试验时土的挤出；用立柱与地面的加荷装置连接，也可利用井壁护圈作为反力，加荷试验时应直接测读承压板的沉降。

（2）试坑或试井底应注意使其尽可能平整，应避免岩土扰动，保持其原状结构和天然湿度，并在承压板下铺设不超过20 mm的砂垫层找平，尽快安装试验设备，保证承压板与土之间有良好的接触；螺旋板头入土时，应按每转一圈下入一个螺距进行操作，减少对土的扰动。

（3）载荷试验宜采用圆形刚性承压板，根据土的软硬或岩体裂隙密度选用合适的尺寸；土的浅层平板载荷试验承压板面积不应小于0.25 m^2，对软土和粒径较大的填土不应小于0.5 m^2，否则易发生歪斜；对碎石土，要注意碎石的最大粒径；对硬的裂隙黏土及岩层，要注意裂隙的影响；土的深层平板载荷试验承压板面积宜选用0.5 m^2；岩石载荷试验承压板的面积不宜小于0.07 m^2。

（4）载荷试验加荷方式应采用分级维持荷载沉降相对稳定法（常规慢速法）；有地区经验时，可采用分级加荷沉降非稳定法（快速法）或等沉速率法，以加快试验周期。如试验目的是确定地基承载力，必须有对比的经验；如试验目的是确定土的变形特性，则快速加荷的结果只反映不排水条件的变形特性，不反映排水条件的固结变形特性；加荷等级宜取 10~12 级，并不应少于 8 级，荷载量测精度不应低于最大荷载的 ±1%。

（5）承压板的沉降可采用百分表或电测位移计量测，其精度不应低于 ±0.01 mm；当荷载沉降曲线无明确拐点时，可加测承压板周围土面的升降、不同深度土层的分层沉降或土层的侧向位移，这有助于判别承压板下地基土受荷后的变化、发展阶段及破坏模式和判定拐点。

对慢速法，当试验对象为土体时，每级荷载施加后，间隔 5 min、5 min、10 min、10 min、15 min，15 min 测读一次沉降，以后间隔 30 min 测读一次沉降，当连续两小时每小时沉降量小于等于 0.1 mm 时，可认为沉降已达相对稳定标准，施加下一级荷载；当试验对象是岩体时，间隔 1 min、2 min，2 min、5 min 测读一次沉降，以后每隔 10 min 测读一次，当连续三次读数差小于等于 0.01 mm 时，可认为沉降已达相对稳定标准，施加下一级荷载。

（6）一般情况下，载荷试验应做到破坏，获得完整的 p-s 曲线，以便确定承载力特征值；只有试验目的为检验性质时，加荷至设计要求的 2 倍时即可终止。

在确定终止试验标准时，对岩体而言，常表现为承压板上和板外的测表不停地变化，这种变化有增加的趋势。此外，有时还表现为荷载加不上，或加上去后很快降下来。当然，如果荷载已达到设备的最大出力，则不得不终止试验，但应判定是否满足了试验要求。

当出现下列情况之一时，可终止试验：承压板周边的土出现明显侧向挤出，周边岩土出现明显隆起或径向裂缝持续发展，这表明受荷地层发生整体剪切破坏，属于强度破坏极限状态；本级荷载的沉降量大于前级荷载沉降量的 5 倍，荷载与沉降曲线出现明显陡降；在某级荷载下 24 h 沉降速率不能达到相对稳定标准；等速沉降或加速沉降，表明承压板下产生塑性破坏或刺入破坏，这是变形破坏极限状态；总沉降量与承压板直径（或宽度）之比超过 0.06，属于超过限制变形的正常使用极限状态。

（五）资料整理、成果分析

1. 浅层平板载荷试验要点

（1）地基土浅层平板载荷试验可适用于确定浅部地基土层的承压板下应力主要影响范围内的承载力。承压板面积不应小于 0.25 m^2，对于软土不应小于 0.5 m^2。

（2）试验基坑宽度不应小于承压板宽度或直径的 3 倍。应保持试验土层的原状结构和天然湿度。宜在拟试压表面用粗砂或中砂层找平，其厚度不超过 20 mm。

（3）加荷分级不应少于 8 级，最大加载量不应小于设计要求的 2 倍。

（4）每级加载后，按间隔 10 min、10 min、10 min、15 min、15 min，以后为每隔 0.5 h 测读一次沉降量，当在连续 2 h 内，每小时的沉降量小于 0.1 mm 时，则认为已趋稳定，可加下一级荷载。

（5）当出现下列情况之一时，即可终止加载：承压板周围的土明显地侧向挤出；沉降 s 急剧增大，荷载－沉降（p–s）曲线出现陡降段；在某一级荷载下，24 h 内沉降速率不能达到稳定；沉降量与承压板宽度或直径比大于或等于 0.06。

当满足前三种情况之一时，其对应的前一级荷载定为极限荷载。

（6）承载力特征值的确定应符合下列规定：当 p–s 曲线上有比例界限时，取该比例界限所对应的荷载值；当极限荷载小于对应比例界限的荷载值的 2 倍时，取极限荷载值的一半；当不能按上述两款要求确定时，压板面积为 0.25~0.50 m^2，可取 0.010~0.015 所对应的荷载，但其值不应大于最大加载量的一半。

（7）同一土层参加统计的试验点不应少于 3 点，当试验实测值的极差不超过其平均值的 30% 时，取平均值作为土层的地基承载力特征值。

2. 深层平板载荷试验要点

（1）深层平板载荷试验的承压板采用直径为 0.8 m 的刚性板，紧靠承压板周围外侧的土层高度应不少于 80 cm。

（2）加荷等级可按预估极限承载力的 1/10~1/15 分级施加。

（3）每级加荷后，第一个小时内按间隔 10 min、10 min、10 min、15 min、15 min，以后为每隔 0.5 h 测读一次沉降；当在连续 2 h 内，每小时的沉降量小于 0.1 mm 时，则认为已趋稳定，可加下一级荷载。

（4）当出现下列情况之一时，可终止加载：

①沉降急骤增大，荷载－沉降（p–s）曲线上有可判定极限承载力的陡降段，且沉降量超过 0.04d（d 为承压板直径）；

②在某级荷载下 24 h 内沉降速率不能达到稳定；

③本级沉降量大于前一级沉降量的 5 倍；

④当持力层土层坚硬沉降量很小时，最大加载量不小于设计要求的 2 倍。

（5）承载力特征值的确定应符合下列规定：

①当 p-s 曲线上有比例界限时取该比例界限所对应的荷载值；

②满足前三条终止加载条件之一时，其对应的前一级荷载定为极限荷载，当该值小于对应比例界限的荷载值的 2 倍时，取极限荷载值的一半；

③不能按上述两款要求确定时，可取 0.010~0.015 所对应的荷载值，但其值不应大于最大加载量的一半。

（6）同一土层参加统计的试验点不应少于 3 点。

3. 岩基载荷试验要点

（1）适用于确定完整、较完整、较破碎岩基作为天然地基或桩基础持力层时的承载力。

（2）采用圆形刚性承压板，直径为 300 mm。当岩石埋藏深度较大时，可采用钢筋混凝土桩，但桩周需采取措施以消除桩身与土之间的摩擦力。

（3）测量系统的初始稳定读数观测：加压前，每隔 10 min 读数一次，连续三次读数不变可开始试验。

（4）加载方式：单循环加载荷载逐级递增直到破坏然后分级卸载。

（5）荷载分级：第一级加载值为预估设计荷载的 1/5，以后每级为 1/10。

（6）沉降量测读：加载后立即读数，以后每 10 min 读数一次。

（7）稳定标准：连续三次读数之差均不大于 0.01 mm。

（8）终止加载条件：当出现下述现象之一时，可终止加载。

①沉降量读数不断变化，在 24 h 内，沉降速率有增大的趋势；

②压力加不上或勉强加上而不能保持稳定。

注：若限于加载能力，荷载也应增加到不少于设计要求的 2 倍。

（9）卸载观测：每级卸载为加载时的 2 倍，如为奇数，第一级可为 3 倍。每级卸载后，隔 10 min 测读一次，测读三次后可卸下一级荷载。全部卸载后，当测读到半小时回弹量小于 0.01 mm 时，即认为稳定。

（10）岩石地基承载力的确定。

①对应于 p-s 曲线上起始直线段的终点为比例界限。符合终止加载条件的前一级荷载为极限荷载。将极限荷载除以 3 的安全系数，所得值与对应于比例界限的荷载相比较，取小值。

②每个场地载荷试验的数量不应少于 3 个，取最小值作为岩石地基承载力特征值。

③岩石地基承载力不进行深宽修正。

4. 复合地基载荷试验要点

（1）本试验要点适用于单桩复合地基载荷试验和多桩复合地基载荷试验。

（2）复合地基载荷试验用于测定承压板下应力，主要影响范围内复合土层的承载力和变形参数。复合地基载荷试验承压板应具有足够刚度。单桩复合地基载荷试验的承压板可用圆形或方形，面积为一根桩承担的处理面积；多桩复合地基载荷试验的承压板可用方形或矩形，其尺寸按实际桩数所承担的处理面积确定。桩的中心（或形心）应与承压板中心保持一致，并与荷载作用点相重合。

（3）承压板底面标高应与桩顶设计标高相适应。承压板底面下宜铺设粗砂或中砂垫层，垫层厚度取 50~150 mm，桩身强度高时宜取大值。试验标高处的试坑长度和宽度，应不小于承压板尺寸的 3 倍。基准梁的支点应设在试坑之外。

（4）试验前应采取措施，防止试验场地地基土含水量变化或地基土扰动，以免影响试验结果。

（5）加载等级可分为 8~12 级。最大加载压力不应小于设计要求压力值的 2 倍。

（6）每加一级荷载前后均应各读记承压板沉降量一次，以后每 0.5 h 读记一次。当 1 h 内沉降量小于 0.1 mm 时，即可加下一级荷载。

（7）当出现下列现象之一时可终止试验。

①沉降急剧增大，土被挤出或承压板周围出现明显的隆起；

②承压板的累计沉降量已大于其宽度或直径的 6%；

③当达不到极限荷载而最大加载压力已大于设计要求压力值的 2 倍。

（8）卸载级数可为加载级数的一半，等量进行，每卸一级，间隔 0.5 h，读记回弹量，待卸完全部荷载后间隔 3h 读记总回弹量。

（9）复合地基承载力特征值的确定，

①当压力－沉降曲线上极限荷载能确定，而其值不小于对应比例界限的 2 倍时，可取比例界限；当其值小于对应比例界限的 2 倍时，可取极限荷载的一半。

②当压力－沉降曲线是平缓的光滑曲线时，可按相对变形值确定。

对砂石桩振冲桩复合地基或强夯置换墩当以黏性土为主的地基，可取 s/b 或 s/d 等于 0.015 所对应的压力（s 为载荷试验承压板的沉降量；b 和 d 分别为承压板宽度和直径，当其值大于 2 m 时，按 2 m 计算）；当以粉土或砂土为主的地基，可取 s/b 或 s/d 等于 0.01 所对应的压力。

对土挤密桩、石灰桩或柱锤冲扩桩复合地基，可取 s/b 或 s/d 等于 0.012 所对应的压力。对灰土挤密桩复合地基，可取 s/b 或 s/d 等于 0.008 所对应的压力。

对水泥粉煤灰碎石桩或夯实水泥土桩复合地基，当以卵石、圆砾、密实粗中砂为主的地基，可取 s/b 或 s/d 等于 0.008 所对应的压力；当以黏性土、粉土为主的地基，可取 s/b 或 s/d 等于 0.01 所对应的压力。

对水泥土搅拌桩或旋喷桩复合地基，可取 s/b 或 s/d 等于 0.006 所对应的压力。

对有经验的地区，也可按当地经验确定相对变形值。

按相对变形值确定的承载力特征值不应大于最大加载压力的一半。

（10）试验点的数量不应少于 3 点，当满足其极差不超过平均值的 30% 时，可取其平均值为复合地基承载力特征值。

5. 单桩竖向静载荷试验要点

（1）本要点适用于检测单桩竖向抗压承载力。

采用接近于竖向抗压桩的实际工作条件的试验方法，确定单桩竖向（抗压）极限承载力，作为设计依据或对工程桩的承载力进行抽样检验和评价。当埋设有桩底反力和桩身应力、应变测量元件时，尚可直接测定桩周各土层的极限侧阻力和极限端阻力。为设计提供依据的试桩，应加载至破坏；当桩的承载力以桩身强度控制时，可按设计要求的加载量进行；对工程桩抽样检测时，加载量不应小于设计要求的单桩承载力特征值的 2 倍。

（2）试验加载宜采用油压千斤顶。当采用 2 台及 2 台以上千斤顶加载时应并联同步工作，且应符合下列规定。

①采用的千斤顶型号、规格应相同；

②千斤顶的合力中心应与桩轴线重合。

（3）加载反力装置可根据现场条件选择锚桩横梁反力装置、压重平台反力装置、锚桩压重联合反力装置、地锚反力装置，并应符合下列规定。

①加载反力装置能提供的反力不得小于最大加载量的 1.2 倍。

②应对加载反力装置的全部构件进行强度和变形验算。

③应对锚桩抗拔力（地基土、抗拔钢筋、桩的接头）进行验算；采用工程

桩做锚桩时，锚桩数量不应少于 4 根，并应监测锚桩上拔量。

④压重应在试验开始前一次加足，并均匀稳固地放置于平台上。

⑤压重施加于地基的压应力不宜大于地基承载力特征值的 1.5 倍，有条件时宜利用工程桩作为堆载支点。

（4）荷载测量可用放置在千斤顶上的荷重传感器直接测定，或采用并联于千斤顶油路的压力表或压力传感器测定油压，根据千斤顶率定曲线换算荷载。传感器的测量误差不应大于 1%。压力表精度应优于或等于 0.4 级。试验用压力表、油泵、油管在最大加载时的压力不应超过规定工作压力的 80%。

（5）沉降测量宜采用位移传感器或大量程百分表，并应符合下列规定：

①测量误差不大于 0.1%F·S，分辨力优于或等于 0.01 mm。

②直径或边宽大于 500 mm 的桩，应在其两个方向对称安置 4 个位移测试仪表，直径或边宽小于等于 500 mm 的桩，可对称安置 2 个位移测试仪表。

③沉降测定平面宜在桩顶 200 mm 以下位置，不得在承压板上或千斤顶上设置沉降观测点，避免因承压板变形导致沉降观测数据失实。测点应牢固地固定于桩身。

④基准梁应具有一定的刚度，梁的一端应固定在基准桩上，另一端应简支于基准桩上。基准桩应打入地面以下足够深度，一般不小于 1 m。

⑤固定和支撑位移计（百分表）的夹具及基准梁应避免气温、振动及其他外界因素的影响。应采取有效的遮挡措施，以减少温度变化和刮风下雨的影响，尤其是昼夜温差较大且白天有阳光照射时更应注意。

（6）试桩、锚桩（压重平台支墩边）和基准桩之间的中心距离应符合规定。

（7）开始试验时间：预制桩在砂土中 ±7 d 后，粉土 10 d 后，非饱和黏性土不得少于 15 d；对于饱和黏性土不得少于 25 d，灌注桩应在桩身混凝土至少达到设计强度的 75%，且不小于 15 MPa 才能进行。泥浆护壁的灌注桩，宜适当延长休止时间。

（8）桩顶部宜高出试坑底面，试坑底面宜与桩承台底标高一致。混凝土桩头加固应符合下列要求：

①混凝土桩应先凿掉桩顶部的破碎层和软弱混凝土。

②桩头顶面应平整，桩头中轴线与桩身上部的中轴线应重合。

③桩头主筋应全部直通至桩顶混凝土保护层之下，各主筋应在同一高度上。距桩顶 1 倍桩径范围内，宜用厚度为 3~5 mm 的钢板围裹或距桩顶 1.5 倍桩径范围内设置箍筋，间距不宜大于 100 mm。桩顶应设置钢筋网片 2~3 层，间距 60~100 mm。

④桩头混凝土强度等级宜比桩身混凝土提高 1~2 级，且不得低于 C30。

（9）对作为锚桩用的灌注桩和有接头的混凝土预制桩，检测前宜对其桩身完整性进行检测。

（10）试验加卸载方式应符合下列规定。

①加载应分级进行，采用逐级等量加载；分级荷载宜为最大加载量或预估极限承载力的 1/10，其中第一级可取分级荷载的 2 倍。

②卸载应分级进行，每级卸载量取加载时分级荷载的 2 倍，逐级等量卸载。

③加、卸载时应使荷载传递均匀、连续、无冲击，每级荷载在维持过程中的变化幅度不得超过分级荷载的 ±10%。

（11）为设计提供依据的竖向抗压静载试验应采用慢速维持荷载法。慢速维持荷载法试验步骤应符合下列规定。

①每级荷载施加后按第 5 min、15 min、30 min、45 min、60 min 测读桩顶沉降量，以后每隔 30 min 测读一次。

②试桩沉降相对稳定标准：每 1 h 内的桩顶沉降量不超过 0.1 mm，并连续出现两次（从分级荷载施加后第 30 min 开始，按 1.5 h 连续三次每 30 min 的沉降观测值计算）。

③当桩顶沉降速率达到相对稳定标准时，再施加下一级荷载。

④卸载时，每级荷载维持 1 h，按第 15 min、30 min、60 min 测读桩顶沉

降量后，即可卸下一级荷载。卸载至零后，应测读桩顶残余沉降量，维持时间为 3 h，测读时间为第 15 min、30 min，以后每隔 30 min 测读一次。

（12）施工后的工程桩验收检测宜采用慢速维持荷载法。当有成熟的地区经验时，也可采用快速维持荷载法。快速维持荷载法的每级荷载维持时间至少为 1 h，是否延长维持荷载时间应根据桩顶沉降收敛情况确定。一般快速维持荷载法试验可采用下列步骤进行：

①每级荷载施加后维持 1 h，按第 5 min、15 min、30 min 测读桩顶沉降量，以后每隔 15 min 测读一次。

②测读时间累计为 1 h 时，若最后 15 min 时间间隔的桩顶沉降增量与相邻 15 min 时间间隔的桩顶沉降增量相比未明显收敛时，应延长维持荷载时间，直到最后 15 min 的沉降增量小于相邻 15 min 的沉降增量为止。

③当桩顶沉降速率达到相对稳定标准时，再施加下一级荷载。

④卸载时，每级荷载维持 15 min，按第 5 min、15 min 测读桩顶沉降量后，即可卸下一级荷载。卸载至零后，应测读桩顶残余沉降量，维持时间为 2 h，测读时间为第 5 min、15min、30 min，以后每隔 30 min 测读一次。

（13）当出现下列情况之一时，可终止加载。

①某级荷载作用下，桩顶沉降量大于前一级荷载作用下沉降量的 5 倍。当桩顶沉降能相对稳定且总沉降量小于 40 mm 时，宜加载至桩顶总沉降量超过 40 mm。

②某级荷载作用下，桩顶沉降量大于前一级荷载作用下沉降量的 2 倍，且经 24 h 尚未达到相对稳定标准。

③已达到设计要求的最大加载量。

④当工程桩做锚桩时，锚桩上拔量已达到允许值。

⑤当荷载－沉降曲线呈缓变形时，可加载至桩顶总沉降量 60~80 mm；在特殊情况下，可根据具体要求加载至桩顶累计沉降量超过 80 mm。

（14）检测数据的整理应符合下列规定。

①确定单桩竖向抗压承载力时，应绘制竖向荷载－沉降、沉降－时间对数曲线，需要时也可绘制其他辅助分析所需曲线。

②当进行桩身应力、应变和桩底反力测定时，应整理出有关数据的记录表，并绘制桩身轴力分布图，计算不同土层的分层侧摩阻力和端阻力值。

（15）单桩竖向抗压极限承载力统计值的确定应符合下列规定。

①参加统计的试桩结果，当满足其极差不超过平均值的 30% 时，取其平均值为单桩竖向抗压极限承载力。

②当极差超过平均值的 30% 时，应分析极差过大的原因，结合工程具体情况综合确定，必要时可增加试桩数量。

③对桩数为 3 根或 3 根以下的柱下承台，或工程桩抽检数量少于 3 根时，应取低值。

（16）单位工程同一条件下的单桩竖向抗压承载力特征值 Ra 应按单桩竖向抗压极限承载力统计值的一半取值。

二、静力触探试验

静力触探试验是用静力匀速将标准规格的探头压入土中，利用探头内的力传感器，同时通过电子量测仪器将探头受到的贯入阻力记录下来。由于贯入阻力的大小与土层的性质有关，因此通过贯入阻力的变化情况，可以达到测定土的力学特性，了解土层的目的，具有勘探和测试双重功能；孔压静力触探试验除静力触探原有功能外，在探头上附加孔隙水压力量测装置，用于量测孔隙水压力增长与消散。

静力触探试验适用于软土、一般黏性土、粉土、砂土和含少量碎石的土。静力触探可根据工程需要采用单桥探头、双桥探头或带孔隙水压力量测的单、双桥探头，可测定比贯入阻力、锥尖阻力、侧壁摩阻力和贯入时的孔隙水压力。

目前广泛应用的是电测静力触探，即将带有电测传感器的探头，用静力以匀速贯入土中，根据电测传感器的信号，测定探头贯入土中所受的阻力。按传感器的功能，静力触探分为常规的静力触探（CPT，包括单桥探头、双桥探头）和孔压静力触探（CPTU）。单桥探头测定的是比贯入阻力，双桥探头测定的是锥尖阻力和侧壁摩阻力，孔压静力触探探头是在单桥探头或双桥探头上增加量测贯入土中时土中的孔隙水压力（简称孔压）的传感器。国外还发展了各种多功能的静探探头，如电阻率探头、测振探头、侧应力探头、旁压探头、波速探头、振动探头、地温探头等。

（一）静力触探设备

1. 静力触探仪

静力触探仪按贯入能力大致可分为轻型（20~50 kN）、中型（80~120 kN）、重型（200~300 kN）3 种；按贯入的动力及传动方式可分为人力给进、机械传动及液压传动 3 种；按测力装置可分为油压表式、应力环式、电阻应变式及自动记录等不同类型。我国铁道部鉴定批量生产的 2Y-16 型双缸液压静力触探仪，是由加压及锚定、动力及传动、油路、量测等 4 个系统组成。加压及锚定系统：双缸液压千斤顶的活塞与卡杆器相连，卡杆器将探杆固定，千斤顶在油缸的推力下带动探杆上升或下降，该加压系统的反力则由固定在底座上的地锚来承受。动力及传动系统由汽油机、减速箱和油泵组成，其作用是完成动力的传递和转换，汽油机输出的扭矩和转速，经减速箱驱动油泵转动，产生高压油，从而把机械能转变为液体的压力能。油路系统由操纵阀、压力表、油箱及管路组成，其作用是控制油路的压力、流量、方向和循环方式，使执行机构按预期的速度、方向和顺序动作，并确保液压系统的安全。

探头由金属制成，有锥尖和侧壁两个部分，锥尖为圆锥体，锥角一般为 60° 探头。探头总贯入阻力为锥尖总阻力和侧壁总摩阻力之和。

双桥探头，其探头和侧壁套筒分开，并有各自测量变形的传感器。孔压探头，它不仅具有双桥探头的作用，还带有滤水器，能测定触探时的孔隙水压力。滤水器的位置可在锥尖或锥面或在锥头以后圆柱面上，不同位置所测得的孔压是不同的，孔压的消散速率也是不同的。微孔滤水器可由微孔塑料、不锈钢、陶瓷或砂石等制成。微孔孔径要求既有一定的渗透性，又能防止土粒堵塞孔道，并有高的进气压力（保证探头不致进气）。

2. 静力触探量测仪器

目前，我国常用的静力触探测量仪器有两种类型：一种为电阻应变仪，另一种为自动记录仪。现在基本都已采用自动记录仪，可以直接将野外数据传入计算机处理。

（1）电阻应变仪。

电阻应变仪由稳压电源、振荡器、测量电桥、放大器、相敏检波器和平衡指示器等组成。应变仪是通过电桥平衡原理进行测量的。当触探头工作时，传感器发生变形，引起测量桥路的平衡发生变化，通过手动调整电位器使电桥达到新的平衡，根据电位器调整程序就可确定应变量的大小，并从读数盘上直接读出。因需手工操作，易发生漏读或误读，现已不太使用。

（2）自动记录仪。

静力触探自动记录仪，是由通用的电子电位差计改装而成，它能随深度自动记录土层贯入阻力的变化情况，并以曲线的方式自动绘在记录纸上，从而提高了野外工作的效率和质量。自动记录仪主要由稳压电源、电桥、滤波器、放大器、滑线电阻和可逆电机组成。由探头输出的信号，经过滤波器以后，到达测量电桥，产生不平衡电压，经放大器放大后，推动可逆电机转动，与可逆电机相连的指示机构，就沿着有分度的标尺滑行，标尺是按讯号大小比例刻制的，因而指示机构所指示的位置即为被测讯号的数值。

深度控制是在自动记录仪中采用一对自整角机，即 45LF5B 及 45LJ5B（或 5A 型）。

现在已将静力触探试验过程引入微机控制的行列，采用数据采集处理系统。它能自动采集数据、存储数据、处理数据、打印记录表，并实时显示和绘制静力触探曲线。

3. 水下静力触探（CPT）试验装置

广州市辉固技术服务有限公司拥有一种下潜式的静力触探工作平台，供进行水下静力触探之用，并已用于世界各地的海域。工作时用带有起吊设备的工作母船将该平台运到指定水域，定点后用起吊设备将该工作平台放入水中，并靠其自重沉到河床（或海床）上。平台只通过系留钢缆和电缆与水面上的母船相连。

（二）试验的技术要求

（1）探头圆锥锥底截面积应采用 10 cm^2 或 15 cm^2，单桥探头侧壁高度应分别采用 57 mm 或 70 mm，双桥探头侧壁面积应采用 150~300 cm^2，锥尖锥角应为 60°。

圆锥截面积国际通用标准为 10 cm^2，但国内勘察单位广泛使用 15 cm^2 的探头；10 cm^2 与 15 cm^2 的贯入阻力相差不大，在同样的土质条件和极具贯入能力的情况下，10 cm^2 比 15 cm^2 的贯入深度更大；为了向国际标准靠拢，最好使用锥头底面积为 10 cm^2 的探头。探头的几何形状及尺寸会影响测试数据的精度，故应定期进行检查。

（2）探头应匀速垂直压入土中，贯入速率为 1.2 m/min。贯入速率要求匀速，贯入速率（1.2 ± 0.3）m/min 是国际通用的标准。

（3）探头测力传感器应连同仪器、电缆进行定期标定，室内探头标定测力传感器的非线性误差、重复性误差、滞后误差、温度漂移、归零误差均应小于 1%，现场试验归零误差应小于 3%，这是试验数据质量好坏的重要标志；探头的绝缘度 3 个工程大气压下保持 2 h。

（4）贯入读数间隔一般采用 0.1 m，不超过 0.2 m，深度记录误差不超过触探深度的 ±1%。

（5）当贯入深度超过 30 m 或穿过厚层软土后再贯入硬土层时，应采取措施防止孔斜或断杆，也可配置测斜探头，量测触探孔的偏斜角，校正土层界线的深度。

为保证触探孔与垂直线间的偏斜度小，所使用探杆的偏斜度应符合标准：最初 5 根探杆每米偏斜小于 0.5 mm，其余小于 1 mm；当使用的贯入深度超过 50 m 或使用 15~20 次，应检查探杆的偏斜度；如贯入厚层软土，再穿入硬层、碎石土、残积土，每用过一次应进行探杆偏斜度检查。

触探孔一般至少距探孔 25 倍孔径或 2 m。静力触探宜在钻孔前进行，以免钻孔对贯入阻力产生影响。

（6）孔压探头在贯入前，应在室内保证探头应变腔为已排除气泡的液体所饱和，并在现场采取措施保持探头的饱和状态，直至探头进入地下水位以下的土层为止；在孔压静探试验过程中不得上提探头。

（7）当在预定深度进行孔压消散试验时，应量测停止贯入后不同时间的孔压值，其计时间隔由密而疏合理控制；试验过程不得松动探杆。

（三）成果应用

1. 划分土层和判定土类

根据贯入曲线的线性特征，结合相邻钻孔资料和地区经验，划分土层和判定土类；计算各土层静力触探有关试验数据的平均值，或对数据进行统计分析，提供静力触探数据的空间变化规律。

根据静探曲线在深度上的连续变化可对土进行力学分层，并可根据贯入阻力的大小、曲线形态特征、摩阻比的变化、孔压曲线对土类进行判别，进行工程分层。土层划分应考虑超前和滞后现象，土层界线划分时，应注意以下问题。

当上下层贯入阻力有变化时，由于存在超前和滞后现象，分层层面应划在超前与滞后范围内。上下土层贯入阻力相差不到 1 倍时，分层层面取超前深度和滞后深度的中点（或中点偏向小阻力土层 5~10 cm）。上下土层贯入阻力相差 1 倍以上时，取软层最后一个（或第一个）低贯入阻力偏向硬层 10~15 cm 作为分层层面。

2. 其他应用

根据静力触探资料，利用地区经验，可进行力学分层，估算土的塑性状态或密实度、强度、压缩性、地基承载力、单桩承载力、沉桩阻力及进行液化判别等。根据孔压消散曲线可估算土的固结系数和渗透系数。

利用静探资料可估算土的强度参数、浅基或桩基的承载力、砂土或粉土的液化。只要经验关系经过检验已证实是可靠的，利用静探资料可以提供有关设计参数。利用静探资料估算变形参数时，由于贯入阻力与变形参数间不存在直接的机理关系，可能可靠性差些；利用孔压静探资料有可能评定土的应力历史，这方面还有待于积累经验。

三、圆锥动力触探试验

圆锥动力触探试验是用一定质量的重锤，以一定高度的自由落距，将标准规格的圆锥形探头贯入土中，根据打入土中一定距离所需的锤击数，判定土的力学特性，具有勘探和测试双重功能。

圆锥动力触探试验的类型可分为轻型、重型和超重型三种。

轻型动力触探的优点是轻便，对于施工验槽、填土勘察，查明局部软弱土层、洞穴等分布，均有实用价值。重型动力触探是应用最广泛的一种，其规格标准与国际通用标准一致。超重型动力触探的能量指数（落锤能量与探头截面积之比）与国外的并不一致，但相近，适用于碎石土。

动力触探试验指标主要用于以下目的。

（1）划分不同性质的土层：当土层的力学性质有显著差异，而在触探指标上没有明显反映时，可利用动力触探进行分层和定性，评价土的均匀性，检查填土质量，探查滑动带、土洞和确定基岩面或碎石土层的埋藏深度；确定桩基持力层和承载力；检验地基加固与改良的质量效果等。

（2）确定土的物理力学性质：评定砂土的孔隙比或相对密实度、粉土及黏性土的状态；估算土的强度和变形模量；评定地基土和桩基承载力，估算土的强度和变形参数等。

（一）试验设备

圆锥动力触探设备主要由圆锥头、触探杆、穿心锤三部分组成。

我国采用的自动落锤装置种类很多，有抓钩式（分外抓钩式和内抓钩式）、钢球式、滑销式、滑槽式和偏心轮式等。

锤的脱落方式可分为碰撞式和缩径式。前者动作可靠，但操作不当易产生明显的反向冲击，影响试验成果。后者导向杆容易被磨损，长期工作易发生故障。

（二）试验技术要求

（1）采用自动落锤装置。锤击能量是对试验成果有影响的最重要的因素，落锤方式应采用控制落距的自动落锤，使锤击能量比较恒定。

（2）注意保持杆件垂直，触探杆最大偏斜度不应超过 2%，锤击贯入应连续进行，在黏性土中击入的间歇会使侧摩阻力增大；同时防止锤击偏心、探杆倾斜和侧向晃动，保持探杆垂直度；锤击速率也影响试验成果，每分钟宜为 15~30 击；在砂土、碎石土中，锤击速率影响不大，则可采用每分钟 60 击。

（3）触探杆与土间的侧摩阻力是对试验成果有影响的重要因素。试验过程中，可采取下列措施减少侧摩阻力的影响：探杆直径小于探头直径，在砂土中探头直径与探杆直径比应大于 1.3，而在黏土中可小些；贯入一定深度后旋转探杆（每 1 m 转动一圈或半圈），以减少侧摩阻力；贯入深度超过 10 m，每贯入 0.2 m，转动一次；探头的侧摩阻力与土类、土性、杆的外形、刚度、垂直度、触探深度等均有关，很难用一固定的修正系数处理，应采取切合实际的措施，减少侧摩阻力，对贯入深度加以限制。

（4）对轻型动力触探，当 $N_{10}>100$ 或贯入 15 cm 锤击数超过 50 时，可停止试验；对重型动力触探，当连续三次 $N_{63.5}>50$ 时，可停止试验或改用超重型动力触探。

（三）资料整理与试验成果分析

（1）单孔连续圆锥动力触探试验应绘制锤击数与贯入深度关系曲线。

（2）计算单孔分层贯入指标平均值时，应剔除临界深度以内的数值超前和滞后影响范围内的异常值。在整理触探资料时，应剔除异常值，在计算土层的触探指标平均值时，超前滞后范围内的值不反映真实土性；临界深度以内的锤击数偏小，不反映真实土性，故不应参加统计。动力触探本来是连续贯入的，但也有配合钻探间断贯入的做法，间断贯入时临界深度以内的锤击数同样不反映真实土性，不应参加统计。

（3）整理多孔触探资料时，应结合钻探资料进行分析，对均匀土层，根据各孔分层的贯入指标平均值，用厚度加权平均法计算场地分层贯入指标平均值和变异系数。

（四）成果应用

根据圆锥动力触探试验指标和地区经验，可进行力学分层，评定土的均匀性和物理性质（状态、密实度）、土的强度、变形参数、地基承载力、单桩承载力，查明土洞、滑动面、软硬土层界面，检测地基处理效果等。应用试验成果时是否修正或如何修正，应根据建立统计关系时的具体情况确定。

1. 力学分层

根据触探击数、曲线形态，结合钻探资料可进行力学分层，分层时注意超前滞后现象，不同土层的超前滞后量是不同的。

上为硬土层，下为软土层，超前为 0.5~0.7 m，滞后约为 0.2 m；上为软土层，下为硬土层，超前为 0.1~0.2 m，滞后为 0.3~0.5 m。

2. 确定砂类土的相对密度和黏性土的稠度

北京市勘察设计处采用轻便型动力触探仪，通过大量的现场试验和对比分析，提出了锤击数与土的相对密度等级和稠度等级之间的关系。

四、标准贯入试验

标准贯入试验使用质量为 63.5 kg 的穿心锤，以 76 cm 的落距，将标准规格的贯入器，自钻孔底部预打 15 cm，记录再打入 30 cm 的锤击数，判定土的力学特性。

标准贯入试验仅适用于砂土、粉土和一般黏性土，不适用于软塑—流塑软土。在国外用实心圆锥头（锥角 60°）替换贯入器下端的管靴，使标贯适用于碎石土、残积土和裂隙性硬黏土及软岩，但国内尚无这方面的具体经验。

标准贯入试验的目的是用测得的标准贯入击数 N，判断砂的密实度或黏性土和粉土的稠度，估算土的强度与变形指标，确定地基土的承载力，评定砂土、粉土的振动液化及估计单桩极限承载力及沉桩可能性；并可划分土层类别，确定土层剖面和取扰动土样进行一般物理性试验，用于岩土工程地基加固处理设计及效果检验。

（一）试验设备

标准贯入试验设备是由标准贯入器、落锤（穿心锤）和钻杆组成的。

（二）试验技术要求

（1）标准贯入试验与钻探配合进行，钻孔宜采用回转钻进，并保持孔内水位略高于地下水位。当孔壁不稳定时，可用泥浆护壁，钻至试验标高以上 15 cm 处，清除孔底残土后再进行试验。

在采用回转钻进时应注意以下方面：

保持孔内水位高出地下水位一定高度，保持孔底土处于平衡状态，不得使孔底发生涌砂变松；下套管不要超过试验标高；要缓慢地下放钻具，避免孔底土的扰动；细心清孔；为防止涌砂或塌孔，可采用泥浆护壁。

（2）采用自动脱钩的自由落锤法进行锤击，并减小导向杆与锤间的摩阻力，避免锤击时的偏心和侧向晃动，保持贯入器、探杆、导向杆连接后的垂直度，锤击速率应小于每分钟 30 击。

由手拉绳牵引贯入试验时，绳索与滑轮的摩擦阻力及运转中绳索所引起的张力，消耗了一部分能量，减少了落锤的冲击能，使锤击数增加；而自动落锤完全克服了上述缺点，能比较真实地反映土的性状。据有关单位的试验，*N* 值自动落锤为手拉落锤的 0.8 倍、SR-30 型钻机直接吊打时的 0.6 倍，据此，规范规定采用自动落锤法。

（三）资料整理

标准贯入试验成果 *N* 可直接标在工程地质剖面图上，也可绘制单孔标准贯入击数 *N* 与深度关系曲线或直方图。统计分层标贯击数平均值时，应剔除异常值。

（四）成果应用

标准贯入试验锤击数 *N* 值，可对砂土、粉土、黏性土的物理状态、土的强度、变形参数、地基承载力、单桩承载力，以及砂土和粉土的液化、成桩的可能性等做出评价。应用 *N* 值时是否修正和如何修正，应根据建立统计关系时的具体情况确定。

（1）关于修正问题。

国外对 *N* 值的传统修正包括饱和粉细砂的修正、地下水位的修正、土地上覆压力修正。国内长期以来并不考虑这些修正，而着重考虑杆长修正。杆长修正是依据牛顿碰撞理论，杆件系统质量不得超过锤重 2 倍，限制了标贯使用深度小于 21 m，但实际使用深度已远超过 21 m，最大深度已达 100 m 以上；通过实测杆件的锤击应力波，发现锤击传输给杆件的能量变化远大于杆长变化时能量的衰减，故建议不做杆长修正的 *N* 值是基本的数值；但考虑到过去建立的 *N* 值与土性参数、承载力的经验关系，所用 *N* 值均经杆长修正，而抗震规范评定砂土液化时，*N* 值又不做修正；故在实际应用 *N* 值时，应按具体岩土工程问题，参照有关规范考虑是否作杆长修正或其他修正。勘察报告应提供

不做杆长修正的 N 值，应用时再根据情况考虑修正或不修正、用何种方法修正。如我国原《建筑地基基础设计规范》（GB J7—89）规定：当用标准贯入试验锤击数按规范查表确定承载力和其他指标时，应根据该规范规定校正。

（2）用标准贯入试验击数判定砂土密实程度。

（3）用标准贯入试验击数进行液化判别。

（4）确定地基承载力。

我国原《建筑地基基础设计规范》（GB J7—89）中关于用标准贯入试验锤击数确定黏性土、砂土的承载力表，由于 N 值离散性大，故在利用 N 值解决工程问题时，应持慎重态度，依据单孔标贯资料提供设计参数是不可信的；在分析整理时，与动力触探相同，应剔除个别异常的 N 值。依据 N 值提供定量的设计参数时应有当地的经验，否则只能提供定性的参数，供初步评定用。

五、十字板剪切试验

十字板剪切试验是用插入土中的标准十字板探头以一定速率扭转，量测土破坏时的抵抗力矩，测定土的不排水抗剪强度。

十字板剪切试验用于原位测定饱和软黏土的不排水抗剪强度和估算软黏土的灵敏度。

试验深度一般不超过 30 m。为测定软黏土不排水抗剪强度随深度的变化，试验点竖向间距可取 1 m，以便均匀地绘制不排水抗剪强度 - 深度变化曲线，对非均质或夹薄层粉细砂的软黏性土，宜先做静力触探，结合土层变化，选择软黏土进行试验。当土层随深度的变化复杂时，可根据静力触探成果和工程实际需要，选择有代表性的点布置试验点，不一定均匀间隔布置试验点，遇到变层，要增加测点。

（一）试验仪器设备

十字板剪切试验设备主要由下列三部分组成。

（1）测力装置：开口钢环式测力装置，借助钢环的拉伸变形来反映施加扭力的大小。

（2）十字板头：目前国内外多采用矩形十字板头，且径高比为 1 ： 2 的标准型。常用的规格有 50 mm × 100 mm 和 75 mm × 150 mm 两种，前者适用于稍硬的黏性土，后者适用于软黏土。

（3）轴杆：按轴杆与十字板头的连接方式有离合式和牙嵌式两种。一般使用的轴杆直径约为 20 mm。

（二）试验原理

十字板剪切试验的基本原理，是将装在轴杆下的十字板头压入钻孔孔底下土中测试深度处，再在杆顶施加水平扭矩，由十字板头旋转将土剪破。

（三）试验技术要求

（1）十字板板头形状宜为矩形，径高比 1 ： 2，板厚宜为 2~3 mm。

十字板头形状国外有矩形、菱形、半圆形等，但国内均采用矩形。当需要测定不排水抗剪强度的各向异性变化时，可以考虑采用不同菱角的菱形板头，也可以采用不同径高比板头进行分析。矩形十字板头的径高比 1 ： 2 为通用标准，十字板头面积比直接影响插入板头时对土的挤压扰动，一般要求面积比小于 15%；十字板头直径为 50 mm 和 75 mm，翼板厚度分别为 2 mm 和 3 mm，相应的面积比为 13%~14%。

（2）十字板头插入钻孔底的深度影响测试成果，我国规范规定不应小于钻孔或套管直径的 3 倍。俄罗斯规定 0.3~0.5 m，德国规定为 0.3 m。

（3）十字板插入至试验深度后，至少应静止 2~3 min，方可开始试验。

（4）在峰值强度或稳定值测试完后，顺扭转方向连续转动 6 圈后，测定重塑土的不排水抗剪强度。

（5）对开口钢环十字板剪切仪，应修正轴杆与土间的摩阻力的影响。

机械式十字板剪切仪。由于轴杆与土层间存在摩阻力，因此应进行轴杆校正。由于原状土与重塑土的摩阻力是不同的，为了使轴杆与土间的摩阻力减到最低值，使进行原状土和扰动土不排水抗剪强度试验时有同样的摩阻力值，在进行十字板试验前，应将轴杆先快速旋转十余圈。由于电测式十字板直接测定的是施加于板头的扭矩，故不需进行轴杆摩擦的校正。

国外十字板剪切试验规程对精度的规定，美国为 1.3 kPa，英国为 1 kPa，俄罗斯为 1~2 kPa，德国为 2 kPa。参照这些标准，以 1~2 kPa 为宜。

（四）资料整理

（1）计算各试验点土的不排水抗剪峰值强度、残余强度、重塑土强度和灵敏度。

（2）绘制单孔十字板剪切试验土的不排水抗剪峰值强度、残余强度、重塑土强度和灵敏度随深度的变化曲线，需要时绘制抗剪强度与扭转角度的关系曲线。

实践证明，正常固结的饱和软黏性土的不排水抗剪强度是随深度增加的；室内抗剪强度的试验成果，由于取样扰动等因素，往往不能很好地反映这一变化规律；利用十字板剪切试验，可以较好地反映不排水抗剪强度随深度的变化。

绘制抗剪强度与扭转角的关系曲线，可了解土体受剪时的剪切破坏过程，确定软土的不排水抗剪强度峰值、残余值及剪切模量（不排水）。目前十字板头扭转角的测定还存在困难，有待进一步研究。

（3）根据土层条件和地区经验，对实测的十字板不排水抗剪强度进行修正。

十字板剪切试验所测得的不排水抗剪强度峰值，一般认为是偏高的土的长期强度只有峰值强度的 60%~70%。因此在工程中，需根据土质条件和当地经验对十字板测定的值做必要的修正，以供设计采用。

（4）十字板剪切试验成果可按地区经验，确定地基承载力、单桩承载力、计算边坡稳定，判定软黏性土的固结历史。

六、旁压试验

旁压试验是用可侧向膨胀的旁压器，对钻孔孔壁周围的土体施加径向压力的原位测试，根据压力和变形关系，计算土的模量和强度。旁压试验适用于黏性土、粉土、砂土、碎石土、残积土、极软岩和软岩等。

（一）试验设备

旁压仪包括预钻式、自钻式和压入式三种。国内目前以预钻式为主，以下内容也是针对预钻式的，压入式目前尚无产品。

1. 预钻式旁压仪

预钻式旁压仪由旁压器、控制单元和管路三部分组成。

（1）旁压器。

旁压器是对孔壁土（岩）体直接施加压力的部分，是旁压仪最重要的部件。它由金属骨架、密封的橡皮膜和膜外护铠组成。旁压器分单腔式和三腔式两种，目前常用的是三腔式。当旁压器有效长径比大于4时，可认为属无限长圆柱扩张轴对称平面应变问题。单腔式三腔式所得结果无明显差别。

三腔式旁压器由测量腔（中腔）和上下两个护腔构成。测量腔和护腔互不相通，但两个护腔是互通的，并把测量腔夹在中间。试验时有压介质（水或油）从控制单元通过中间管路系统进入测量腔，使橡皮膜沿径向膨胀，孔周土（岩）体受压呈圆柱形扩张，从而可以量测孔壁压力与钻孔体积变化的关系。

（2）控制单元。

控制单元位于地表，通常是设置在三脚架上的一个箱式结构，其功能是控制试验压力和测读旁压器体积（应变）的变化。一般由压力源（高压氮气瓶）、调压器、测管、水箱、各类阀门、压力表、管路和箱式结构架等组成。

（3）管路系统。

管路是用于连接旁压器和控制单元、输送和传递压力与体积信息的系统，通常包括气路、水（油）路和电路。

2. 仪器的标定

仪器的标定主要有弹性膜约束力的标定和仪器综合变形的标定。

由于约束力随弹性膜的材质、使用次数和气温而变化，因此新装或用过若干次后均需对弹性膜的约束力进行标定。仪器的综合变形，包括调压阀量管、压力计、管路等在加压过程中的变形。国产旁压仪还需进行体积损失的校正，对国外 GA 型和 GAM 型旁压仪，如果体积损失很小，可不做体积损失的校正。

（1）弹性膜约束力的标定。

由于弹性膜具有一定厚度，因此在试验时施加的压力并未全部传递给土体，而因弹性膜本身产生的侧限作用使压力受到损失。这种压力损失值称为弹性膜的约束力。弹性膜约束力的标定方法如下。

先将旁压器置于地面，然后打开中腔和上、下腔阀门使其充水。当水灌满旁压器并回返至规定刻度时，将旁压器中腔的中点位置放在与量管水位相同的高度，记下初读数。随后逐级加压，每级压力增量为 10 kPa，使弹性膜自由膨胀，量测每级压力下的量管水位下降值，直到量管水位下降总值接近 40 cm 时停止加压。根据记录绘制压力与水位下降值的关系曲线，即为弹性膜约束力标定曲线。S 轴的渐近线所对应的压力即为弹性膜的约束力。

（2）仪器综合变形的标定。

由于旁压仪的调压阀、量管、导管、压力计等在加压过程中均会产生变形，造成水位下降或体积损失。这种水位下降值或体积损失值称为仪器综合变形。仪器综合变形标定方法如下：将旁压器放进有机玻璃管或钢管内，使旁压器在受到径向限制的条件下进行逐级加压，加压等级为 100 kPa，直加到旁压仪的额定压力为止。根据记录的压力 P 和量管水位下降值 S 绘制 P-S 曲线，曲线上直线段的斜率 S/P 即为仪器综合变形校正系数 a。

（二）试验技术要求

1. 旁压试验点的布置

在了解地层剖面的基础上（最好先做静力触探或动力触探或标准贯入试验），应选择在有代表性的位置和深度进行，旁压器的量测腔应在同一土层内。试验点的垂直间距应根据地层条件和工程要求确定，根据实践经验，旁压试验的影响范围，水平向约为 60 cm，上下方向约为 40 cm。为避免相邻试验点应力影响范围重叠，试验孔与已有钻孔的水平距离不宜小于 1 m。

2. 成孔质量

预钻式旁压试验应保证成孔质量，钻孔直径与旁压器直径应良好配合，防止孔壁坍塌；自钻式旁压试验的自钻钻头、钻头转速、钻进速率、刃口距离、泥浆压力和流量等应符合有关规定。

成孔质量是预钻式旁压试验成败的关键，成孔质量差，会使旁压曲线反常失真，无法应用。为保证成孔质量，要注意以下方面：

（1）孔壁垂直、光滑、呈规则圆形，尽可能减少对孔壁的扰动。

（2）软弱土层（易发生缩孔、坍孔）用泥浆护壁。

（3）钻孔孔径应略大于旁压器外径，一般宜大于 8 mm。

3. 加荷等级

加荷等级可采用预期临塑压力的 1/7~1/5，初始阶段加荷等级可取小值，必要时可做卸荷再加荷试验，测定再加荷旁压模量。

加荷等级的选择是重要的技术问题，一般可根据土的临塑压力或极限压力而定，不同土类的加荷等级不同。

4. 加荷速率

关于加荷速率，目前国内有“快速法”和“慢速法”两种。国内一些单位的对比试验表明，两种不同的加荷速率对临塑压力和极限压力影响不大。为提高试验效率，一般使用每级压力维持 1 min 或 2 min 的快速法。

每级压力应维持 1 min 或 2 min 后再施加下一级压力，维持 1 min 时，加荷后 15 s、30 s、60 s 测读变形量，维持 2 min 时加荷后 15 s、30 s、60 s、120 s 测读变形量。在操作和读数熟练的情况下，尽可能采用短的加荷时间；快速加荷所得旁压模量相当于不排水模量。

5. 终止试验条件

旁压试验终止试验条件如下：

（1）加荷接近或达到极限压力。

（2）量测腔的扩张体积相当于量测腔的固有体积，避免弹性膜破裂。

（3）国产 PY2-A 型旁压仪，当量管水位下降刚达 36 cm 时（绝对不能超过 40 cm），即应终止试验。

（4）法国 GA 型旁压仪规定，当蠕变变形等于或大于 50 cm^2 或量筒读数大于 600 cm^2 时应终止试验。

（三）资料整理

1. 绘制压力与体积曲线

对各级压力和相应的扩张体积（或换算为半径增量）分别进行约束力和体积修正后，绘制压力与体积曲线，需要时可作蠕变曲线。

2. 评定地基承载力和变形参数

根据初始压力、临塑压力、极限压力和旁压模量，结合地区经验可评定地基承载力和变形参数。根据自钻式旁压试验的旁压曲线，还可测求土的原位水平应力、静止侧压力系数、不排水抗剪强度等。

3. 确定地基的变形性质

换算土的压缩模量；对于黏性土，可按经验统计资料，由旁压模量确定土的变形模量。

七、扁铲侧胀试验

扁铲侧胀试验，也有人译为扁板侧胀试验，是 20 世纪 70 年代意大利 Silvano Marchetti 教授创立的。扁铲侧胀试验是将带有膜片的扁铲压入土中预定深度，充气使膜片向孔壁土中侧向扩张，根据压力与变形关系，测定土的模量及其他有关指标。因能比较准确地反映应变的应力应变关系，测试的重复性较好，引入我国后，受到岩土工程界的重视，进行了比较深入的试验研究和工程应用，已被列入《铁路工程地质原位测试规程》。美国的 ASTM 和欧洲的 EUROCODE 也已列入。

扁铲侧胀试验适用于软土、一般黏性土、粉土、黄土和松散－中密的砂土，其中最适宜在软弱松散土中进行，随着土的坚硬程度或密实程度的增加，适宜性渐差。当采用加强型薄膜片时，也可应用于密实的砂土。

（一）试验仪器设备

试验仪器由侧胀器（俗称扁铲）、压力控制单元、位移控制单元、压力源及贯入设备、探杆等组成。

扁铲侧胀器由不锈钢薄板制成，其尺寸为试验探头长 230~240 mm、宽 94~96 mm、厚 14~16 mm，探头前缘刃角 12° ~16°，探头侧面钢膜片的直径 60 mm。膜片厚约 0.2 mm，富有弹性可侧胀。

（二）试验技术要求

（1）扁铲侧胀试验探头加工的具体技术标准和规格应符合国际通用标准。要注意探头不能有明显弯曲，并应进行老化处理。

（2）每孔试验前后均应进行探头率定，取试验前后的平均值为修正值。膜片的合格标准如下：

①率定时膨胀至 0.05 mm 的气压实测值 5~25 kPa；

②率定时膨胀至 1.10 mm 的气压实测值 10~110 kPa。

（3）可用贯入能力相当的静力触探机将探头压入土中。试验时，应以静力匀速将探头贯入土中，贯入速率宜为 2 cm/s；试验点间距可取 20~50 cm。

（4）探头达到预定深度后，应匀速加压和减压测定膜片膨胀至 0.05 mm、1.10 mm 和回到 0.05 mm 的压力值。

（5）扁铲侧胀消散试验，应在需测试的深度进行，测读时间间隔可取1 min、2 min、4 min、8 min、15 min、30 min、90 min，以后每90 min测读一次，直至消散结束。

扁铲侧胀试验成果的应用经验目前尚不丰富。根据铁道部第四勘测设计院的研究成果，利用侧胀土性指数划分土类、黏性土的状态，利用侧胀模量计算饱和黏性土的水平不排水弹性模量，利用侧胀水平应力指数，确定土的静止侧压力系数等，有良好的效果，并列入《铁路工程地质原位测试规程》。上海、天津及国外都有一些研究成果和工程经验，由于扁铲侧胀试验在我国开展较晚，故应用时必须结合当地经验，并与其他测试方法配合，相互印证。

八、波速试验

波速测试适用于测定各类岩土体的压缩波、剪切波或瑞利波的波速。按规定测得的波速值可应用于下列情况。

（1）计算地基岩土体在小应变条件下的动弹性模量、动剪切模量和动泊松比。

（2）场地土的类型划分和场地土层的地震反应分析。

（3）改良的效果。可根据任务要求，试验方法可采用跨孔法、单孔法（检层法）和面波法。

（一）单孔波速法（检层法）

1. 仪器设备

（1）振源。

剪切波振源，应满足如下三个条件：优势波应为SH和SV波；具有可重复性和可反向性，以利剪切波的判读；如在孔中激发，应能顺利下孔。

（2）拾振器。

孔中接收时，使用三分量检波器组（一个垂直向，两个水平向），并带有气囊或其他贴孔壁装置。地表接收时，使用地震检波器，其灵敏轴应与优势波主振方向一致。

（3）记录仪。

使用地震仪或具有地震仪功能的其他仪器，应能记录波形，以利于波的识别和对比。

2. 单孔法波速测试的技术要求

单孔法波速，可沿孔向上或向下检层进行测试，主要检测水平的剪切波速，识别第一个剪切波的初至是关键。

单孔法波速测试的技术要求应符合下列规定：

（1）测试孔应垂直。

（2）当剪切波振源采用锤击上压重物的木板时，木板的长向中垂线应对准测试孔中心，孔口与木板的距离宜为 1~3 m；板上所压重物宜大于 400 kg；木板与地面应紧密接触；当压缩波振源采用锤击金属板时，金属板距孔口的距离宜为 1~3 m。

（3）测试时，测点布置应根据工程情况及地质分层，测点的垂直间距宜取 1~3 m，层位变化处加密，并宜自下而上逐点测试。

（4）传感器应设置在测试孔内预定深度处固定，并紧贴孔壁。

（5）可采用地面激振或孔内激振；剪切波测试时，沿木板纵轴方向分别打击其两端，可记录极性相反的两组剪切波波形；压缩波测试时，可锤击金属板，当激振能量不足时，可采用落锤或爆炸产生压缩波。

（6）测试工作结束后，应选择部分测点进行重复观测，其数量不应少于测点总数的 10%。

（二）跨孔法

1. 仪器设备

（1）振源。

剪切波振源宜采用剪切波锤，也可采用标准贯入试验装置，压缩波振源宜采用电火花或爆炸等。由重锤、标贯试验装置组合的振源，该振源配合钻机和标贯试验装置进行。钻进一段测试一段，能量较大，但速度较慢。用扭转振源可产生丰富的剪切波能量和极低的压缩波能量，易操作、可重复、可反向激振，但能量较弱，一般配信号增强型放大器。

（2）接收器。

要求接收器既能观察到竖直分量，又能观察到两个水平分量的记录，以便更好地识别剪切波的到达时刻，所以一般都采用三分量检波器检测地震波。这种三分量检波器是由三个单独检波器按相互垂直的方向固定，并密封在一个无磁性的圆形筒内。

在测点处一般用气囊装置将三分量检波器的外壳及其孔壁压紧。竖直方向的检波器可以精确地接收到水平传播、垂直偏振的 SV 波。两个水平检波器可以接收到 P 波的水平偏振 SH 波。

我国生产的三分量检波器的自振频率一般为 10 Hz 和 27 Hz，频率响应可达几百赫兹，而一般机械振源产生的 S 波频率为 70~130 Hz，产生的 P 波频率为 140~270 Hz。

（3）放大器和记录器。

主要采用多通道的放大器，最少为 6 个通道。各放大器必须具有一致的相位特性，配有可调节的增益装置，放大器的放大倍数要大于 2 000 倍。仪器本身内部噪声极小，抗干扰能力强，记录系统主要采用 SC-10、SC-18 型紫外线感光记录示波器。一般配 400 号振子、工作频率范围为 0~270 Hz，常用 500 mm/s 速度记录档，根据波形的疏密形状而调节纸速。

2. 跨孔法波速测试的技术要求

跨孔法波速测试的技术要求应符合下列规定：

（1）测试场地宜平坦，测试孔宜设置一个振源孔和两个接收孔，以便校核，并布置在一条直线上。

（2）测试孔的孔距在土层中宜取 2~5 m，在岩层中宜取 8~15 m，测点垂直间距宜取 1~2 m；近地表测点宜布置在 0.4 倍孔距的深度处，振源和检波器应置于同一地层的相同标高处。

（3）钻孔应垂直，并宜用泥浆护壁或下套管，套管壁与孔壁应紧密接触。

（4）当振源采用剪切波锤时，宜采用一次成孔法；当振源采用标准贯入试验装置时，宜采用分段测试法。

（5）钻孔应垂直，当孔深较大、测试深度大于 15 m 时，应进行激振孔和测试孔的倾斜度和倾斜方位量测，量测精度应达到 0.1°，测点间距宜取 1 m，以便对激振孔与检波孔的水平距离进行修正。

（6）在现场应及时对记录波形进行鉴别判断，确定是否可用，如不行，在现场可立即重做。钻孔如有倾斜，应做孔距的校正。当采用一次成孔法测试时，测试工作结束后，应选择部分测点做重复观测，其数量不应少于测点总数的 10%；也可采用振源孔和接收孔互换的方法进行检测。

（三）面波法

面波法波速测试可采用瞬态法或稳态法，宜采用低频检波器，道间距可根据场地条件通过试验确定。面波的传统测试方法为稳态法，近年来，瞬态多道面波法获得很大发展，并已在工程中大量应用，技术已经成熟。

1. 仪器设备

面波法所需的主要仪器设备可分为两部分：振动测量及分析仪器，它包括拾振器、测振放大器、数据采集与分析系统；振源，频谱分析法采用落锤为振源，连续波法采用电磁激振器为振源。

2. 面波法波速测试的技术要求

（1）测试前的准备工作及对激振设备安装的要求，应符合国家标准《地基动力特性测试规范》（GB/T 50269—2015）的规定。

（2）稳态振源宜采用机械式或电磁式激振设备。

（3）在振源同一侧应放置两台竖向传感器，接收由振源产生的瑞利波信号。

（4）改变激振频率，测试不同深度处土层的瑞利波波速。

（5）电磁式激振设备可采用单一正弦波信号或合成正弦波信号。

（四）测试成果分析

1. 识别压缩波和剪切波的初至时间

在波形记录上，识别压缩波或剪切波从振源到达测点的时间，应符合下列规定：

（1）确定压缩波的时间，应采用竖向传感器记录的波形。

（2）确定剪切波的时间，应采用水平传感器记录的波形。

2. 计算由振源到达测点的距离

由振源到达每个测点的距离，应按测斜数据进行计算。

3. 根据波的传播时间和距离确定波速

（1）单孔法。

①用单孔法计算压缩波或剪切波从振源到达测点的时间。

②时距曲线图的绘制，应以深度 H 为纵坐标、时间 T 为横坐标。

③波速层的划分，应结合地质情况，按时距曲线上具有不同斜率的折线段确定。

④每一波速层的压缩波波速或剪切波波速。

（2）跨孔法。

用跨孔法量测每个测试深度的压缩波波速及剪切波波速。

（3）面波法。

用面波法量测瑞利波波速。

九、原位直剪试验

岩土体现场直剪试验，是将垂直（法向）压应力和剪应力施加在预定的剪切面上，直至其剪切破坏的试验。现场直剪试验可用于岩土体本身、岩土体沿软弱结构面和岩体与其他材料（如混凝土）接触面的剪切试验，可分为岩土体试体在法向应力作用下沿剪切面剪切破坏的抗剪断试验、岩土体剪断后沿剪切面继续剪切的抗剪试验（摩擦试验）和法向应力为零时岩体剪切的抗切试验。由于试验岩土体远比室内试样大，试验成果更符合实际。

（一）试验方案

切面的位置和方向、剪切面的应力等条件，确定试验对象，选择相应的试验方法。现场直剪试验可在试洞、试坑、探槽或大口径钻孔内进行。当剪切面水平或近于水平时，可采用平推法或斜推法；当剪切面较陡时，可采用楔形体法。

同一组试验体的地质条件应基本相同，其受力状态应与岩体在工程中的受力状态相近。各种试验布置方案各有适用条件。

混凝土与岩体的抗剪试验，常采用斜推法。进行土体、软弱面（水平或近乎水平）的抗剪试验，常采用平推法。当软弱面倾角大于其内摩擦角时，常采用楔形体方案。前者适用于剪切面上正应力较大的情况，后者则相反。

（二）试验设备

现场直剪试验的仪器设备主要由加载设备、传力设备和量测设备及其他配套设备组成。

（三）试验技术要求

（1）现场直剪试验每组岩体不宜少于5个，岩体试样尺寸不小于50 cm × 50 cm，一般采用70 cm × 70 cm的方形体，剪切面积不得小于0.25 m^2。试体最小边长不宜小于50 cm，高度不宜小于最小边长的0.5倍。试体之间的距离应大于最小边长的1.5倍。

每组土体试验不宜少于3个，剪切面积不宜小于0.3 m^2，土体试样可采用圆柱体或方柱体，高度不宜小于20 cm或为最大粒径的4~8倍，剪切面开缝应为最小粒径的1/4~1/3。

（2）开挖试坑时应避免对试体的扰动和含水量的显著变化，保持岩土样的原状结构不受扰动是非常重要的，故在爆破、开挖和切样过程中，均应避免岩土样或软弱结构面破坏和含水量的显著变化；对软弱岩土体，在顶面和周边加护层（钢或混凝土），护套底边应在剪切面以上。

在地下水位以下试验时，应先降低水位，安装试验装置恢复水位后，再进行试验，避免水压力和渗流对试验的影响。

（3）施加的法向荷载、剪切荷载应位于剪切面、剪切缝的中心，或使法向荷载与剪切荷载的合力通过剪切面的中心，并保持法向荷载不变；对于高含水量的塑性软弱层，法向荷载应分级施加，以免软弱层挤出。

（4）最大法向荷载应大于设计荷载，并按等量分级，荷载精度应为试验最大荷载的 ±2%。

（5）每一试体的法向荷载可分 4~5 级施加；当法向变形达到相对稳定时，即可施加剪切荷载。

（6）每级剪切荷载按预估最大荷载的 8%~10% 分级等量施加，或按法向荷载的 5%~10% 分级等量施加；岩体按每 5~10 min、土体按每 30 s 施加一级剪切荷载。

（7）当剪切变形急剧增长或剪切变形达到试体尺寸的 1/10 时，可终止试验。

（8）根据剪切位移大于 10 mm 时的试验成果确定残余抗剪强度，需要时可沿剪切面继续进行摩擦试验。

（四）试验资料整理、成果分析

1. 试验资料整理

（1）岩体结构面直剪试验记录应包括工程名称、试体编号、试体位置、试验方法、试体描述、剪切面积、测表布置、各法向荷载下各级剪切荷载时的法向位移及剪切位移。

（2）试验结束后，应对试件剪切面进行描述。

2. 准确量测剪切面面积

（1）详细描述剪切面的破坏情况、擦痕的分布、方向和长度；

（2）测定剪切面的起伏差，绘制沿剪切方向断面高度的变化曲线；

（3）当结构面内有充填物时，应准确判断剪切面的位置，并记述其组成成分、性质、厚度、构造，根据需要测定充填物的物理性质。

3. 确定比例强度、屈服强度、峰值强度、剪胀点和剪胀强度

绘制剪切应力与剪切位移曲线、剪应力与垂直位移曲线，确定比例强度、屈服强度、峰值强度、剪胀点和剪胀强度。

（1）比例界限压力。

比例界限压力定义为剪应力与剪切位移曲线直线段的末端相应的剪应力，如直线段不明显，可采用一些辅助手段确定。

①用循环荷载方法在比例强度前卸荷后的剪切位移基本恢复，过比例界限后则不然。

②利用试体以下基底岩土体的水平位移与试样水平位移的关系判断在比例界限之前，两者相近；过比例界限后，试样的水平位移大于基底岩土的水平位移。

③绘制 τ–u/τ 曲线（τ 为剪应力，u 为剪切位移）在比例界限之前，u/τ 值变化极小；过比例界限后，u/τ 值增长加快。

（2）剪胀强度。

剪胀强度相当于整个试样由于剪切带体积变大而发生相对的剪应力，可根据剪应力与垂直位移曲线判定。

（3）绘制法向应力与比例强度、屈服强度、峰值强度、残余强度的曲线，确定相应的强度参数岩体结构面的抗剪强度，与结构面的形状、闭合、充填情况和荷载大小及方向等有关。根据长江科学院的经验，对于脆性破坏岩体，可以利用比例强度确定抗剪强度参数；而对于塑性破坏岩体，可以利用屈服强度确定抗剪强度参数。

验算岩土体滑动稳定性，可以用残余强度确定抗剪强度参数。因为在滑动面上破坏的发展是累进的，发生峰值强度破坏后，破坏部分的强度降为残余强度。

十、岩体原位应力测试

岩体应力测试适用于无水、完整或较完整的岩体，可采用孔壁应变法、孔径变形法和孔底应变法测求岩体空间应力和平面应力。

用孔壁应变法测试采用孔壁应变计，量测套钻解除应力后钻孔孔壁的岩石应变；用孔径变形法测试采用孔径变形计，量测套钻解除应力后的钻孔孔径的变化；用孔底应变法测试采用孔底应变计，量测套钻解除应力后的钻孔孔底岩面应变。按弹性理论公式计算岩体内某点的应力，当需测求空间应力时，应采用三个钻孔交会法测试。

岩体应力测试的设备、测试准备、仪器安装和测试过程按现行国家标准《工程岩体试验方法标准》（GB/T 50266—2013）执行。

（一）测试技术要求

（1）测试岩体原始应力时，测点深度应超过应力扰动影响区；在地下洞室中进行测试时，测点深度应超过洞室直径的 2 倍。

（2）在测点测段内，岩性应均一完整。

（3）测试孔的孔壁、孔底应光滑、平整、干燥。

（4）稳定标准为连续三次读数（每隔 10 min 读一次）之差不超过 5。

（5）同一钻孔内的测试读数不应少于三次。

（6）岩芯应力解除后的围压试验应在 24 h 内进行，压力宜分 5~10 级，最大压力应大于预估岩体最大主应力。若不能在 24 h 内进行围压试验，应对岩芯进行蜡封，防止含水率变化。

（二）资料整理

根据岩芯解除应变值和解除深度，绘制解除过程曲线。

根据围压试验资料，绘制压力与应变关系曲线，计算岩石弹性常数。

孔壁应变法、孔径变形法和孔底应变法计算空间应力、平面应力分量和空间主应力及其方向，可按《工程岩体试验方法标准》（GB/T 50266—2013）附录 A 执行。

十一、激振法测试

激振法测试包括强迫振动和自由振动，用于测定天然地基和人工地基的动力特性，为动力机器基础设计提供地基刚度、阻尼比和参振质量。

（一）试验方法

激振法测试应采用强迫振动方法，有条件时宜同时采用强迫振动和自由振动两种测试方法。具有周期性振动的机器基础，应采用强迫振动测试。由于竖向自由振动试验，当阻尼比较大时，特别是有埋深的情况，实测的自由振动波数少，很快就衰减了，从波形上测得的固有频率值及由振幅计算的阻尼比，都不如强迫振动试验准确。但是，当基础固有频率较高时，强迫振动测不出共振峰值的情况也是有的。因此，有条件时宜同时采用强迫振动和自由振动两种测试方法，以便互相补充、互为印证。

进行激振法测试时，应收集机器性能、基础形式、基底标高、地基土性质和均匀性、地下构筑物和干扰振源等资料。

（二）测试技术要求

（1）由于块体基础水平回转耦合振动的固有频率及在软弱地基土的竖向振动固有频率一般均较低，因此激振设备的最低频率规定为 3~5 Hz，使测出的幅频响应共振曲线能较好地满足数据处理的需要。而桩基础的竖向振动固有频率高，要求激振设备的最高工作频率尽可能高，最好能达到 60 Hz 以上，以便能测出桩基础的共振峰值，电磁式激振设备的工作频率范围很宽，但扰力太小时对桩基础的竖向振动激不起来，因此规定，扰力不宜小于 600 N。

（2）块体基础的尺寸宜采用 2.0 m × 1.5 m × 1.0 m。在同一地层条件下，宜采用两个块体基础进行对比试验，基底面积一致，高度分别为 1.0 m 和 1.5 m；桩基测试应采用两根桩，桩间距取设计间距；桩台边缘至桩轴的距离可取桩间距的 1/2，桩台的长宽比应为 2 ： 1，高度不宜小于 1.6 m；当进行不同桩数的对比试验时，应增加桩数和相应桩台面积；测试基础的混凝土强度等级不宜低于 C15。

（3）测试基础应置于拟建基础附近和性质类似的土层上，其底面标高应与拟建基础底面标高一致。

（4）为了获得地基的动力参数，应进行明置基础的测试，而埋置基础的测试是为获得埋置后对动力参数的提高效果，有了两者的动力参数，就可进行机器基础的设计。因此，测试基础应分别做明置和埋置两种情况的测试，埋置基础的回填土应分层夯实。

（5）仪器设备的精度、安装、测试方法和要求等，应符合现行国家标准《地基动力特性测试规范》（GB/T 50269—2015）的规定。

第四节　室内试验及物理力学指标统计分析

一、岩土试验项目和试验方法

本节主要内容是关于岩土试验项目和试验方法的选取及一些原则性问题的规定，具体的操作和试验仪器规格，则应按现行国家标准《土工试验方法标准》（GB/T 50123—2019）和国家标准《工程岩体试验方法标准》（GB/T

50266—2013）的规定执行。由于岩土试样和试验条件不可能完全代表现场的实际情况，故规定在岩土工程评价时，宜将试验结果与原位测试成果或原型观测反分析成果比较，并做必要的修正后选用。

试验项目和试验方法应根据工程要求和岩土性质的特点确定。一般的岩土试验，可以按标准的、通用的方法进行。但是，岩土工程师必须注意到岩土性质和现场条件中存在的许多复杂情况，包括应力历史、应力场、边界条件非均质性、非等向性、不连续性等，如工程活动引起的新应力场和新边界条件，使岩土体与岩土试样的性状之间存在不同程度的差别。试验时应尽可能模拟实际，使试验条件尽可能接近实际，使用试验成果时不要忽视这些差别。

对特种试验项目，应制定专门的试验方案。

制备试样前，应对岩土的重要性状做肉眼鉴定和简要描述。

（一）土的物理性质试验

（1）各类工程均应测定下列土的分类指标和物理性质指标。砂土：颗粒级配、体积质量、天然含水量、天然密度、最大和最小密度。粉土：颗粒级配、液限、塑限、体积质量、天然含水量、天然密度和有机质含量。黏性土：液限、塑限、体积质量、天然含水量、天然密度和有机质含量。对砂土，如无法取得1级、2级、3级土试样时，可只进行颗粒级配试验；目测鉴定不含有机质时，可不进行有机质含量试验。

（2）测定液限时，应根据分类评价要求，选用现行国家标准《土工试验方法标准》（GB/T 50123—2019）规定的方法。我国通常用76 g瓦氏圆锥仪，但在国际上更通用卡氏碟式仪，故目前在我国是两种方法并用。由于测定方法的试验成果有差异，故应在试验报告上注明。

土的体积质量变化幅度不大，有经验的地区可根据经验判定，但在缺乏经验的地区，仍应直接测定。

（3）当进行渗流分析、基坑降水设计等要求提供土的透水性参数时，应进行渗透试验。常水头试验适用于砂土和碎石土；变水头试验适用于粉土和黏性土；透水性很低的软土可通过固结试验测定固结系数、体积压缩系数和渗透系数。土的渗透系数取值应与野外抽水试验或注水试验的成果比较后确定。

（4）当需对土方回填和填筑工程进行质量控制时，应选取有代表性的土试样进行击实试验，测定干密度与含水量关系，确定最大干密度、最优含水量。

（二）土的压缩固结试验

（1）采用常规固结试验求得的压缩模量和一维固结理论进行沉降计算，是目前广泛应用的方法。由于压缩系数和压缩模量的值随压力段而变，所以当采用压缩模量进行沉降计算时，固结试验最大压力应大于土的有效自重压力与附加压力之和，试验成果可用 e–p 曲线整理，压缩系数和压缩模量的计算应取自土的有效自重压力至土的有效自重压力与附加压力之和的压力段；当考虑深基坑开挖卸荷和再加荷影响时，应进行回弹试验，其压力的施加应模拟实际的加、卸荷状态。

（2）按不同的固结状态（正常固结、欠固结、超固结）进行沉降计算，是国际上通用的方法。当考虑土的应力史进行沉降计算时，试验成果应按 e-lg$p$ 曲线整理，确定先期固结压力并计算压缩指数和回弹指数。施加的最大压力应满足绘制完整的 e-lg$p$ 曲线。为计算回弹指数，应在估计的先期固结压力之后，进行一次卸荷回弹，再继续加荷，直至完成预定的最后一级压力。

（3）当需进行沉降历时关系分析时，应选取部分土试样在土的有效压力与附加压力之和的压力下，做详细的固结历时记录，并计算固结系数。

（4）沉降计算时一般只考虑主固结，不考虑次固结。但对于厚层高压缩性软土上的工程，次固结沉降可能占相当分量，不应忽视。任务需要时应取一定数量的土试样测定次固结系数，用以计算次固结沉降及其历时关系。

（5）除常规的沉降计算外，有的工程需建立较复杂的土的力学模型进行应力应变分析。当需进行土的应力应变关系分析，为非线性弹性、弹塑性模型提供参数时，可进行三轴压缩试验，试验方法宜符合下列要求。

①进行围压与轴压相等的等压固结试验，应采用三个或三个以上不同的固

定围压，分别使试样固结，然后逐级增加轴压，直至破坏，取得在各级围压下的轴向应力与应变关系，供非线性弹性模型的应力应变分析用；各级围压下的试验，宜进行 1~3 次回弹试验。

②当需要时，除上述试验外，还要在三轴仪上进行等向固结试验，即保持围压与轴压相等；逐级加荷，取得围压与体积应变关系，计算相应的体积模量，供弹性、非线性弹性、弹塑性等模型的应力应变分析用。

（三）土的抗剪强度试验

（1）排水状态对三轴试验成果影响很大，不同的排水状态所测得值差别很大，故应使试验时的排水状态尽量与工程实际一致。三轴剪切试验的试验方法应按下列条件确定。

①对饱和黏性土，当加荷速率较快时宜采用不固结不排水（UU）试验。由于不固结不排水剪得到的抗剪强度最小，用其进行计算结果偏于安全，但是饱和软黏土的原始固结程度不高，而且取样等过程又难免有一定的扰动影响，故为了不使试验结果过低，规定饱和软黏土应对试样在有效自重压力下预固结后再进行试验。

②对预压处理的地基、排水条件好的地基、加荷速率不高的工程或加荷速率较快但土的超固结程度较高的工程，以及需验算水位迅速下降时的土坝稳定性时，可采用固结不排水（CU）试验。当需提供有效应力抗剪强度指标时，应采用固结不排水测孔隙水压力（CU）试验。

③对在软黏土上非常缓慢地建造的土堤或稳态渗流条件下进行稳定分析的土堤，可进行固结排水（CD）试验。

（2）直接剪切试验的试验方法，应根据荷载类型、加荷速率及地基土的排水条件确定。虽然直剪试验存在一些明显的缺点，如受力条件比较复杂、排水条件不能控制等，但由于仪器和操作都比较简单，又有大量实践经验，故在一定条件下仍可采用，但对其应用范围应予限制。

无侧限抗压强度试验是三轴试验的一个特例，对于内摩擦角为 0 的软黏土，可用1级土样进行无侧限抗压强度试验，代替自重压力下预固结的不固结、不排水三轴剪切试验。

（3）测定滑坡带等已经存在剪切破裂面的抗剪强度时，应进行残余强度试验。测滑坡带上土的残余强度，应首先考虑采用含有滑面的土样进行滑面重合剪试验。但有时取不到这种土样，此时可用取自滑面或滑带附近的原状土样或控制含水量和密度的重塑土样做多次剪切。试验可用直剪仪，必要时可用环剪仪。在确定计算参数时，宜与现场观测分析的成果比较后确定。

这些试验一般用于应力状态复杂的堤坝或深挖方的稳定性分析。

（四）土的动力性质试验

当工程设计要求测定土的动力性质时，可采用动三轴试验、动单剪试验或共振柱试验。不但土的动力参数值随动应变而变化，而且不同仪器或试验方法有其应变值的有效范围。故在选择试验方法和仪器时，应考虑动应变的范围和仪器的适用性。

动三轴和动单剪试验可用于测定土的下列动力性质。

1. 动弹性模量、动阻尼比及其与动应变的关系

用动三轴仪测定动弹性模量、动阻尼比及其与动应变的关系时，在施加动荷载前，宜在模拟原位应力条件下先使土样固结。动荷载的施加应从小应力开始，连续观测若干循环周数，然后逐渐加大动应力。

2. 既定循环周数下的动应力与动应变关系

测定既定的循环周数下轴向应力与应变关系，一般用于分析震陷和饱和砂土的液化。

3. 饱和土的液化剪应力与动应力循环周数关系

当出现下列情况之一时，可判定土样已经液化：孔隙水压力上升，达到初始固结压力时；轴向动应变达到5%时。

共振柱试验可用于测定小动应变时的动弹性模量和动阻尼比。

（五）岩体试验

（1）岩石的成分和物理性质试验可根据工程需要选定下列项目：岩矿鉴定；颗粒密度和块体密度试验；吸水率和饱和吸水率试验；耐软化或崩解性试验；膨胀试验；冻融试验。

（2）单轴抗压强度试验应分别测定干燥和饱和状态下的强度，并提供极限抗压强度和软化系数。岩石的弹性模量和泊松比，可根据单轴压缩变形试验测定。对各向异性明显的岩石应分别测定平行和垂直层理面的强度。

（3）由于岩石对拉伸的抗力很小，所以岩石的抗拉强度是岩石的重要特征之一。测定岩石抗拉强度的方法很多，但比较常用的有劈裂法和直接拉伸法。勘察规范推荐采用劈裂法，即在试件直径方向上，施加一对线性荷载，使试件沿直径方向破坏，间接测定岩石的抗拉强度。

（4）当间接确定岩石的强度指标时，可进行点荷载试验和声波速度试验。

二、物理力学指标统计分析

（一）岩土参数可靠性和实用性评价

岩土参数的选用是岩土工程勘察评价的关键。岩土参数可分为两大类：一类是评价指标，用以评定岩土的性状，作为划分地层鉴定类别的主要依据；另一类是计算指标，用以设计岩土工程，预测岩土体在荷载和自然条件作用下的力学行为及变化趋势，指导施工与监测。

对岩土参数的基本要求是可靠、适用。所谓可靠，是指参数能正确地反映岩土体在规定条件下的性状，能比较有把握地估计参数真值所在的区间；所谓适用，是指参数能满足岩土力学计算的假定条件和计算精度要求，岩土工程勘察报告应对主要参数的可靠性和适用性进行分析，在分析的基础上选定参数。

选用岩土参数，应按下列内容评价其可靠性和适用性。

（1）取样方法及其他因素对试验结果的影响。

岩土参数的可靠性和适用性，在很大程度上取决于岩土的结构受到扰动的程度。各种不同的取样器和取样方法，对结构的扰动是显著不同的。

（2）采用的试验方法和取值标准。

（3）不同测试方法所得结果的分析比较。

对同一个物理力学性质指标，用不同测试手段获得的结果可能不相同，要在分析比较的基础上说明造成这种差异的原因，以及各种结果的适用条件。例如，土的不排水抗剪强度可以用室内UU试验求得，也可以用室内无侧限抗压试验求得，还可以用原位十字板剪切试验求得，不同测试手段所得的结果不同，应当进行分析比较。

（4）测试结果的离散程度。

（5）测试方法与计算模型的配套性。

（二）岩土参数统计

由于土的不均匀性，对同一土层取的土样，用相同方法测定的数据通常是离散的，并以一定的规律分布。这种分布可以用一阶矩和二阶矩统计量来描述。一阶原点矩是分布平均布置的特征值，称为数学期望或平均值，表示分布的平均趋势；二阶中心矩用以表示分布离散程度的特征，称为方差。标准差是方差的平方根，与平均值的量纲相同。规范要求给出岩土参数的平均值和标准差，而不要求给出一般值、最大平均值、最小平均值一类无概率意义的指标。作为工程设计的基础，岩土工程勘察应当提供可靠性设计所必需的统计参数，分析数据的分布情况和误差产生的原因并说明数据的舍弃标准。

第五章　工程地质测绘和调查

第一节　工程地质测绘和调查的范围、比例尺、精度

一、工程地质测绘及调查的范围

工程地质测绘不像一般的区域地质或区域水文地质测绘那样，严格按比例尺大小由地理坐标确定测绘范围，而是根据拟建建筑物的需要在与该项工程活动有关的范围内进行。原则上要求工程地质测绘和调查的范围应以能解决工程实际问题为前提，测绘范围应包括场地及其邻近的地段。对于大、中比例尺的工程地质测绘，多以建筑物为中心，其区域往往为一方形或矩形。如果是线形建筑（如公路、铁路路基和坝基等），则其范围应为一带状，其宽度应包含建筑物的所有影响范围。

适宜的测绘范围，既能较好地查明场地的工程地质条件，又不至于浪费勘察工作量。对于确定测绘范围来说，最为重要的还要看划定的测区范围是否能够满足查清测区内对工程可能产生重要影响的地质结构条件的要求。如某一工程正处于山区山洪泥流的堆积区，此时如仅以建筑物为核心划定测绘调查范围则很有可能搞不清山洪泥石流的发育规律。因此，在这种条件下，即使补给区再远也要将其纳入测绘范围。根据实践经验，由以下三方面确定测绘范围，即以拟建建筑物的类型和规模、设计阶段以及工程地质条件的复杂程度和研究

程度来确定。

建筑物的类型、规模不同，与自然地质环境相互作用的程度和强度也就不同，确定测绘范围时首先应考虑到这一点。例如，大型水利枢纽工程的兴建，由于水位和水文地质条件急剧改变，往往引起大范围自然地理和地质条件的变化，这一变化甚至会导致生态环境的破坏和影响水利工程本身的效益及稳定性。此类建筑物的测绘范围必然很大，应包括水库上、下游的一定范围，甚至上游的分水岭地段和下游的河口地段都需要进行调查。房屋建筑和构筑物一般仅在小范围内与自然地质环境发生作用，通常不需要进行大面积的工程地质测绘。

工程地质测绘范围是随着设计阶段（即岩土工程勘察阶段）的提高而缩小的。在工程处于初期设计阶段时，为了选择建筑场地一般都有若干个比较方案，它们相互之间有一定的距离。为了进行技术经济论证和方案比较，应把这些方案所涉及的场地包括在同一测绘范围内，测绘范围显然是比较大的。但当建筑场地选定之后，尤其是在设计的后期阶段，各建筑物的具体位置和尺寸均已确定，就只需在建筑地段的较小范围内进行大比例尺的工程地质测绘。

工程地质条件愈复杂，研究程度愈低，工程地质测绘范围就愈大。工程地质条件复杂程度包含两种情况。一种情况是在场地内工程地质条件非常复杂。例如，构造变动强烈，有活动断裂分布；不良地质作用强烈发育；地质环境遭到严重破坏；地形地貌条件十分复杂。另一种情况是场地内工程地质条件比较简单，但场地附近有危及建筑物安全的不良地质作用存在。如山区的城镇和厂矿企业往往兴建于地形比较平坦开阔的洪积扇上，对场地本身来说工程地质条件并不复杂，但一旦泥石流暴发则有可能摧毁建筑物。此时工程地质测绘范围应将泥石流形成区包括在内。又如位于河流、湖泊、水库岸边的房屋建筑，场地附近若有大型滑坡存在，当其突然失稳滑落所激起的涌浪可能会导致灭顶之灾。显然，工程地质测绘时，应详细调查该滑坡的情况。这两种情况都必须适当扩大工程地质测绘的范围。

布置测区的测绘范围时，必须充分考虑测区主要构造线的影响，如对于隧道工程，其测绘和调查范围应当随地质构造线（如断层、破碎带、软弱岩层界面等）的不同而采取不同的布置，在包括隧道建筑区的前提下，测区应保证沿构造线有一定范围的延伸，如果不这样做，就可能对测区内许多重要地质问题了解不清，从而给工程安全带来隐患。

此外，在拟建场地或其邻近地段内如果已有其他地质研究成果，应充分运用它们，在经过分析、验证后做一些必要的专门问题研究，此时工程地质测绘的范围和相应的工作量应酌情减小。

二、工程地质测绘和调查的比例尺

工程地质测绘和调查应紧密结合工程建设规划、设计要求进行，工程地质测绘比例尺的选择主要取决于建筑物类型、设计阶段和工程建筑所在地区工程地质条件的复杂程度以及研究程度。建筑物设计的初期阶段属选址性质的，一般往往有若干个比较场地，测绘范围较大，而对工程地质条件研究的详细程度并不高，所以采用的比例尺较小。但是，随着设计阶段的提高，建筑场地的位置越来越具体，范围越来越缩小，而对地质条件的详细程度的要求越来越高，所以，所采用的测绘比例尺就需要逐步加大。当进入到设计后期阶段时，为了解决与施工、运行有关的专门工程地质问题，所选用的测绘比例尺可以很大。在同一设计阶段内，比例尺的选择则取决于场地工程地质条件的复杂程度以及建筑物的类型、规模及其重要性。工程地质条件复杂、建筑物规模巨大而又重要者，就需采用较大的测绘比例尺。总之，各设计阶段所采用的测绘比例尺都限定于一定的范围之内。

工程地质测绘的比例尺一般分为以下三种。

（1）小比例尺 1 ∶ 50 000 ~ 1 ∶ 5 000，一般用于可行性研究勘察阶段，目的是了解区域性的工程地质条件和为更详细的工程地质勘测工作制定方向。

（2）中比例尺 1 ∶ 10 000~1 ∶ 2 000，一般用于初步勘察阶段，主要用于新兴城市的总体规划、大型工矿企业的布置、水工建筑物选址、铁路及公路工程的选线阶段。

（3）大比例尺 1 ：2 000~1 ：500，一般用于详细勘察阶段，目的在于为最后确定建筑物结构或基础的形式以及选择合理的施工方式服务。

需要说明的是，上述比例尺的规定不是一成不变的，在具体确定测绘比例尺时，一般应综合考虑以下三个方面的因素：岩土工程勘察阶段、建筑物的规模及类型、工程地质条件的复杂程度及区域研究程度。对勘察阶段高、建筑规模大、工程地质条件复杂的测区内，若存在对拟建工程有重要影响的地质单元（如滑坡、断层、软弱夹层、洞穴等）时，应适当加大测绘比例尺，反之则可以适当减小测绘比例。

三、工程地质测绘和调查的精度

工程地质测绘和调查的精度包括野外观察、调查、描述各种工程地质条件的详细程度和各种地质条件，如岩层、地貌单元、自然地质现象、工程地质现象等在地形底图上表示的详细程度与精确程度。显然，这些精度必须与图的比例尺相适应。

野外观察、调查、描述各种地质条件的详细程度在传统意义用单位测试面积上观测点数目和观测路线长度来控制。不论其比例尺多大，都以图上每 1 cm^2 内一个点来控制平均观测点数目。当然其布置不是均布的，而应是复杂地段多些，简单地段少些，且都应布置在关键点上。例如，各种单元的界线点、泉点、自然地质现象或工程地质现象点等。测绘比例尺增大、观测点数目增多而天然露头不足，则必须以人工露头来补充，所以测绘时须进行剥土、探槽、试坑等小型勘探工程。地质观测点的数量以能控制重要的地质界线并能说明工程地质条件为原则，以利于岩土工程评价。为此，要求将地质观测点布置在地质构造线、地层接触线、岩性分界线、不同地貌单元及微地貌单元的分界线、地下水露头以及各种不良地质作用分布的地段。观测点的密度应根据测绘区的地质和地貌条件、成图比例尺及工程特点等确定。一般控制在图上的距离为2~5 cm。例如在1 ∶ 5 000的图上，地质观测点实际距离应控制在100~250 m之间。此控制距离可根据测绘区内工程地质条件复杂程度的差异并结合对具体工程的影响而适当加密或放宽。在该距离内应做沿途观察，将点、线观察结合起来，以克服只孤立地做点上观察而忽视沿途观察的偏向。当测绘区的地层岩性、地质构造和地貌条件较简单时，可适当布置“岩性控制点”，以备检验。

地质观测点布置是否合理，是否具有代表性对于成图的质量及岩土工程评价具有至关重要的影响。《岩土工程勘察规范》（GB 50021—2001）中对地质观测点的布置、密度和定位要求如下。

（1）在地质构造线、地层接触线、岩性分界线、标准层位和每个地质单元体应有地质观测点。

（2）地质观测点的密度应根据场地的地貌、地质条件、成图比例尺和工程要求等确定，并应具有代表性。

（3）地质观测点应充分利用天然和已有的人工露头，当露头少时，应根据具体情况布置一定数量的探坑或探槽。

（4）地质观测点的定位应根据精度要求选用适当方法；地质构造线、地层接触线、岩性分界线、软弱夹层、地下水露头和不良地质作用等特殊地质观测点，宜用仪器定位。为了保证各种地质现象在图上表示的准确程度，《岩土工程勘察规范》（GB 50021—2001）要求地质界线和地质观测点的测绘精度在图上应小于3 mm；水利、水电、铁路等系统要求小于2 mm。

此外，地质观测点的定位标测，对成图的质量影响很大。所以，应根据不同比例尺的精度要求和工程地质条件的复杂程度而采用不同的方法。

目测法适合于小比例尺的工程地质测绘，通常在可行性研究勘察阶段采用，该法系根据地形、地物以目估或步测距离标测；半仪器法适合于中等比例尺的工程地质测绘，多在初步勘察阶段采用，它是借助于罗盘仪、气压计等简单的仪器测定方位和高度，使用步测或测绳量测距离；仪器法则适合于大比例尺的工程地质测绘，常用于详细勘察阶段，它是借助于经纬仪、水准仪等较精密的仪器测定地质观测点的位置和高程。另外，对于有特殊意义的地质观测点，如地质构造线、不同时代地层接触线、不同岩性分界线、软弱夹层、地下水露头以及有不良地质作用等，均宜采用仪器法。

此外，充分利用天然露头（各种地层、地质单元在地表的天然出露）和人工露头（如采石场、路堑、水井等）不仅可以更加准确了解测区的地质情况，而且可以降低勘察工作的成本。卫星定位系统（GPS）在满足精度条件下均可应用。

为了达到上述规定的精度要求，通常野外测绘填图中采用比提交成图比例尺大一级的地形图作为填图的底图。例如，进行比例尺为 1 ： 10 000 的工程地质测绘时，常采用 1 ： 5 000 的地形图作为野外作业填图底图，外业填图完成后再缩成 1 ： 10 000 的成图作为正式成果。

第二节　工程地质测绘和调查的内容

一、地形地貌

查明地形、地貌特征及其与地层、构造、不良地质作用的关系，划分地貌单元。地形、地貌与岩性、地质构造、第四纪地质、新构造运动、水文地质以及各种不良地质作用的关系密切。研究地貌可借以判断岩性、地质构造及新构造运动的性质和规模，弄清第四纪沉积物的成因类型和结构，了解各种不良地质作用的分布和发展演化历史、河流发育史等。需要指出的是，由于第四纪地质与地貌的关系密切，因此在平原区、山麓地带、山间盆地以及有松散沉积物覆盖的丘陵区进行工程地质测绘时，应着重于地貌研究，并以地貌作为工程地质分区的基础。

工程地质测绘中地貌研究的内容包括：①地貌形态特征、分布和成因；②划分地貌单元，分析地貌单元形成与岩性、地质构造及不良地质作用等的关系；③各种地貌形态和地貌单元的发展演化历史。上述各项研究内容大多是在小、中比例尺测绘中进行。在大比例尺工程地质测绘中，则应侧重于微地貌与工程建筑物布置以及岩土工程设计、施工关系等方面的研究。

洪积地貌和冲积地貌这两种地貌形态与岩土工程实践关系密切，下面分别讨论它们的工程地质研究内容。

在山前地段和山间盆地边缘广泛发育洪积扇地貌。大型洪积扇面积可达几十甚至上百平方千米，自山边至平原明显划分为上部、中部和下部三个区段，每一区段的地质结构和水文地质条件不同，因此建筑适宜性和可能产生的岩土工程问题也各异。洪积扇的上部由碎石土（砾石、卵石和漂石）组成，强度高而压缩性小，是房屋建筑和构筑物的良好地基，但由于渗透性强，对水工建筑物则会产生严重渗漏；中部以砂土为主，且夹有粉土和黏性土的透镜体，开挖基坑时需注意细砂的渗透变形问题；中部与下部过渡地段由于岩性变细，地下水埋深浅，往往有溢出泉和沼泽分布，形成泥炭层，强度低而压缩性大，作为一般房屋地基的条件较差；下部主要分布黏性土和粉土，且有河流相的砂土透镜体，地形平缓，地下水埋深较浅，若土体形成时代较早，是房屋建筑较理想的地基。

平原地区的冲积地貌，应区分出河床、河漫滩、牛轭湖和阶地等各种地貌形态。不同地貌形态的冲积物分布和工程性质不同，其建筑适宜性也各异。河床相沉积物主要为沙砾土，将其作为房屋地基是良好的，但作为水工建筑物地基时将会产生渗漏和渗透变形问题。河漫滩相一般为黏性土，有时有粉土和粉、细砂夹层，土层厚度较大，也较稳定，一般适宜做各种建筑物的地基，但须注意粉土和粉、细砂层的渗透变形问题。牛轭湖相是由含有大量有机质的黏性土和粉、细砂组成的，并常有泥炭层分布，土层的工程性质较差，也较复杂。对阶地的研究，应划分出阶地的级数，各级阶地的高程、相对高差、形态特征以及土层的物质组成、厚度和性状等；并进一步研究其建筑适宜性和可能产生的岩土工程问题。例如，成都市位于岷江支流府河的阶地上，一级阶地表层粉土厚为 0.4~0.7 m，其下为 Q4 早期的沙砾石层，厚为 28~100 m，地下水埋深为 1~3 m，是高层建筑良好的天然地基，但基坑开挖和地下设施必须采取降水和防水措施；二级阶地表层黏性土厚为 5~9 m，下为沙砾石层，地下水埋深为 5~8 m，黏性土可作一般房屋建筑的地基；三级阶地地面起伏不平，上部为厚达 10 余米的成都黏土和网纹状红黏土，下部为粉质黏土充填的砾石层。成都黏土为膨胀土，一般低层建筑的基础和墙体易开裂，渠道和道路路堑边坡往往产生滑坡。

二、地层岩性

地层岩性是工程地质条件最基本的要素和研究各种地质现象的基础，所以是工程地质测绘的主要研究内容。

工程地质测绘对地层岩性研究的内容包括：确定地层的时代和填图单位；各类岩土层的分布、岩性、岩相及成因类型；岩土层的正常层序、接触关系、厚度及其变化规律；岩土的工程性质等。

不同比例尺的工程地质测绘中，地层时代的确定可直接利用已有的成果。若无地层时代资料，应寻找标准化石、做孢子花粉分析确定。填图单位应按比例尺大小来确定。小比例尺工程地质测绘的填图单位与一般地质测绘是相同的。但是中、大比例尺小面积测绘时，测绘区出露的地层往往只有一个“组”“段”，甚至一个“带”的地层单位，按一般地层学方法划分填图单位不能满足岩土工程评价的需要，应按岩性和工程性质的差异等做进一步划分。例如，砂岩、灰岩中的泥岩、页岩夹层，硬塑黏性土中的淤泥质土，它们的岩性和工程性质迥异，必须单独划分出来。确定填图单位时，应注意标志层的寻找。所谓“标志层”，是指岩性、岩相、层位和厚度都较稳定，且颜色、成分和结构等具特征标志，地面露出较好的岩土层。

工程地质测绘中对各类岩土层还应着重研究以下内容。

（1）沉积岩类。软弱岩层和次生夹泥层的分布、厚度、接触关系和性状等；泥质岩类的泥化和崩解特性；碳酸盐岩及其他可溶盐岩类的岩溶现象。

（2）岩浆岩类。侵入岩的边缘接触面，风化壳的分布、厚度及分带情况，软弱矿物富集带等；喷出岩的喷发间断面，凝灰岩分布及其泥化情况，玄武岩中的柱状节理、气孔等。

（3）变质岩类。片麻岩类的风化，其中软弱变质岩带或夹层以及岩脉的特性；软弱矿物及泥质片岩类、千枚岩、板岩的风化、软化和泥化情况等。

（4）第四纪土层。成因类型和沉积相，所处的地貌单元，土层间接触关系以及与下伏基岩的关系；建筑地段特殊土的分布、厚度、延续变化情况、工程特性以及与某些不良地质作用形成的关系，已有建筑物受影响情况及当地建筑经验等。建筑地段不同成因类型和沉积相土层之间的接触关系，可以利用微地貌研究以及配合简便勘探工程来确定。

在采用自然历史分析法研究的基础上，还应根据野外观察和运用现场简易测试方法所取得的物理力学性质指标，初步判定岩土层与建筑物相互作用时的性能。

三、地质构造与地应力

1. 地质构造

地质构造是影响工程建设的区域地壳稳定性、建筑场地稳定性和工程岩土体稳定性极其重要的因素，而且它又控制着地形地貌、水文地质条件和不良地质作用的发育和分布。所以，地质构造常常是工程地质测绘研究的重要内容。

工程地质测绘对地质构造研究的内容包括：岩层的产状及各种构造型式的分布、形态和规模；软弱结构面（带）的产状及其性质，包括断层的位置、类型、产状、断距、破碎带宽度及充填胶结情况；岩土层各种接触面及各类构造岩的工程特性；挽近期构造活动的形迹、特点及与地震活动的关系等。

在工程地质测绘中研究地质构造时，要运用地质历史分析和地质力学的原理和方法，以查明各种构造结构面（带）的历史组合和力学组合规律。既要对褶曲、断裂等大的构造形迹进行研究，又要重视节理、裂隙等小构造的研究。尤其在大比例尺工程地质测绘中，小构造研究具有重要的实际意义。因为小构造直接控制着岩土体的完整性、强度和透水性，是岩土工程评价的重要依据。

在工程地质研究中，节理、裂隙泛指普遍、大量地发育于岩土体内各种成因的、延展性较差的结构面，其空间展布数米至二三十米，无明显宽度。构造节理、劈理、原生节理、层间错动面、卸荷裂隙、次生剪切裂隙等均属之。

对节理、裂隙应重点研究以下三个方面：节理、裂隙的产状、延展性、穿切性和张开性；节理、裂隙面的形态、起伏差、粗糙度、充填胶结物的成分和性质等；节理、裂隙的密度或频度。

由于节理、裂隙研究对岩体工程尤为重要，所以在工程地质测绘中必须进行专门的测量统计，以搞清它们的展布规律和特性，尤其要深入研究建筑地段内占主导地位的节理、裂隙及其组合特点，分析它们与工程作用力的关系。

目前，国内在工程地质测绘中，节理、裂隙测量统计结果一般用图解法表示，常用的有玫瑰图、极点图和等密度图三种。近年来，基于节理、裂隙测量统计的岩体结构面网络计算机模拟，在岩体工程勘察、设计中已得到较广泛的应用。

在强震区重大工程场地可行性研究勘察阶段进行工程地质测绘时，应研究挽近期的构造活动，特别是全新世地质时期内有过活动或近期正在活动的“全新活动断裂”，应通过地形地貌、地质、历史地震和地表错动、地形变以及微震测震等标志，查明其活动性质和展布规律，并评价其对工程建设可能产生的影响。有必要时，应根据工程需要和任务要求，配合地震部门进行地震地质和宏观灾害调查。

2. 地应力

地应力对地壳稳定性评价和地下工程设计和施工具有重要意义。地应力在地下分布可分为三个带，即卸荷带、应力集中带、地应力稳定带。一个地区的地应力高低在地质上是有征兆的，即存在有高地应力地区和低地应力地区的地质标志。

在岩土工程勘察工作中，应注意收集地应力的地质标志，分析工作区地应力最大主应力的方向。孙广忠（1993 年）根据经验提出了 8 条地应力最大主应力方向的地质标志。

（1）一个地区现存的地应力最大主应力方向大体上与该地区最强烈的一期构造作用方向一致。

（2）如果一个地区泉水出露方向是有规律的话，泉水逸出的断裂方向与地应力最大主应力方向一致。

（3）岩体内夹泥节理方向大体上与地应力最大主应力方向一致。

（4）探洞或隧洞渗漏水出水节理方向多与地应力最大主应力方向一致。

（5）探洞或隧洞顶渗漏滴水线排列方向与地应力最大主应力方向基本一致。

（6）开挖竖井时，竖井内有时出现井壁岩体沿着岩体内软弱结构面错动，其错动方向平行于地应力最小主应力方向。

（7）高地应力地区打钻孔时，孔壁常常出现围压剥离现象，两壁围压剥离连线方向与地应力最小主应力方向一致。

（8）钻孔内采取定向岩芯进行岩组分析得到的最大主应力方向，多与该地区地应力最大主应力方向一致。

当然，这不是全部的地应力最大主应力方向的地质标志，但是这些资料对研究地应力最大主应力方向来说是十分有意义的。

四、水文地质条件

在工程地质测绘中研究水文地质的主要目的，是为研究与地下水活动有关的岩土工程问题和不良地质作用提供资料。例如，兴建房屋建筑和构筑物时，应研究岩土的渗透性、地下水的埋深和腐蚀性，以判明对基础砌置深度和基坑开挖等的影响。进行尾矿坝与贮灰坝勘察时，应研究坝基、库区和尾矿（灰渣）堆积体的渗透性和地下水浸润曲线，以判明坝体的渗透稳定性、坝基与库区的渗漏及其对环境的影响。在滑坡地段研究地下水的埋藏条件、出露情况、水位、形成条件以及动态变化，以判定其与滑坡形成的关系。因此水文地质条件也是一项重要的研究内容。

在工程地质测绘过程中对水文地质条件的研究，应从地层岩性、地质构造、地貌特征和地下水露头的分布、类型、水量、水质等入手，并结合必要的勘探、测试工作，查明测区内地下水的类型、分布情况和埋藏条件；含水层、透水层和隔水层（相对隔水层）的分布，各含水层的富水性和它们之间的水力联系；地下水的补给、径流、排泄条件及动态变化；地下水与地表水之间的补、排关系；地下水的物理性质和化学成分等。在此基础上分析水文地质条件对岩土工程实践的影响。

泉、井等地下水的天然和人工露头以及地表水体的调查，有利于阐明测区的水文地质条件。故应对测区内各种水点进行普查，并将它们标测于地形底图上。对其中有代表性的以及与岩土工程有密切关系的水点，还应进行详细研究，布置适当的监测工作，以掌握地下水动态和孔隙水压力变化等。泉、井调查内容参阅水文地质学教程的有关内容。.

五、不良地质作用

研究不良地质作用的目的，是为了评价建筑场地的稳定性，并预测其对各类岩土工程的不良影响。由于不良地质作用直接影响建筑物的安全、经济和正常使用，所以工程地质测绘时对测区内影响工程建设的各种不良地质作用必须详加研究。

研究不良地质作用要以地层岩性、地质构造、地貌和水文地质条件的研究为基础，并搜集气象、水文等自然地理因素资料。研究内容包括各种不良地质作用（岩溶、滑坡、崩塌、泥石流、冲沟、河流冲刷、岩石风化等）的分布、形态、规模、类型和发育程度，分析它们的形成机制和发展演化趋势，并预测其对工程建设的影响。

六、人类工程活动

测区内或测区附近人类的某些工程活动，往往影响建筑场地的稳定性。例如人工洞穴、地下采空、大挖大填、抽（排）水和水库蓄水引起的地面沉降、地表塌陷、诱发地震、渠道渗漏引起的斜坡失稳等，都会对场地稳定性带来不利影响，对它们的调查应予以重视。此外，场地内如有古文化遗迹和古文物，应妥为保护发掘，并向有关部门报告。

七、已有建筑物

测区内或测区附近已有建筑物与地质环境关系的调查研究，是工程地质测绘中特殊的研究内容。因为某一地质环境内已兴建的任何建筑物对拟建建筑物来说，应看作是一项重要的原型试验，往往可以获取很多在理论和实践两方面都极有价值的资料，甚至较之用勘探、测试手段所取得的资料更为宝贵。应选择不同的地质环境（良好的、不良的）中不同类型、结构的建筑物，调查其有无变形、破坏的标志，并详细分析其原因，以判明建筑物对地质环境的适应性。通过详细的调查分析后，就可以具体地评价建筑场地的工程地质条件，对拟建建筑物可能变形、破坏情况做出正确预测，并采取相应的防治对策和措施。特别需要强调指出的是，在不良地质环境或特殊性岩土的建筑场地，应充分调查、了解当地的建筑经验，包括建筑结构、基础方案、地基处理和场地整治等方面的经验。

第三节　工程地质测绘和调查的方法、成果资料

一、工程地质测绘和调查的方法

（1）查明地形、地貌特征，地貌单元形成过程及其与地层、构造、不良地质现象的关系，划分地貌单元。

（2）查明岩土的性质、成因、年代、厚度和分布。对岩层应查明风化程度，对土层应区分新近堆积土、特殊土的分布及其工程地质条件；在城市应注意调查冲填土、素填土、杂填土等的分布、回填年代和回填方法以及物质来源等；注意调查已被填没的河、塘、滩地等的分布位置、深度、所填物质及填没的年代；还要注意井、墓穴、地下工程、地下管线等的分布位置、深度、范围、结构、构筑年代和材料等。

（3）查明岩层的产状及构造类型，软弱结构面的产状及其性质，包括断层的位置、类型、产状、断距、破碎带的宽度及充填胶结情况，岩、土层接触面及软弱夹层的特性等，第四纪构造活动的形迹、特点与地震活动的关系。

（4）查明地下水的类型、补给来源、排泄条件，井、泉的位置、含水层的岩性特征、埋藏深度、水位变化、污染情况及其与地表水系的关系等。

（5）搜集气象、水文、植被、土的最大冻结深度等资料；调查最高洪水位及其发生时间、淹没范围等。

（6）查明岩溶、土洞、滑坡、泥石流、崩塌、冲沟、断裂、地震灾害和岸边冲刷等不良地质现象的形成、分布、形态、规模、发育程度及其对工程建设的不良影响。

（7）调查人类工程活动对场地稳定性的影响，包括人工洞穴、地下采空、

大填大挖、抽水排水以及水库诱发地震等。类似工程和相邻工程的建筑经验和建筑物沉降观测资料，改建、加层建筑物地基基础、沉降观测等资料。

二、成果资料

工程地质测绘和调查的成果资料一般包括工程地质测绘实际材料图、综合工程地质图或工程地质分区图、综合地质柱状图、工程地质剖面图及各种素描图、照片和文字说明。

第四节　遥感影像在工程地质测绘中的应用

遥感图像的地质判释：遥感图像的地质判释是建立在地壳表面各种地质体具有不同的波谱特性这个基础上的，而当我们运用地学原理对遥感图像上所记录的地质信息进行分析研究，从而识别各种地质体属性和地质现象的过程时，则称之为遥感图像的地质判释（解译或判读）。

遥感图像判释标志：所谓遥感图像判释标志是指那些能帮助辨认某一目标的影像特征。

一、遥感图像的判释标志

判释标志的类型：类型很多，尚无统一的提法，目前文献上出现的判释标志类型名称有形状、大小、色调与色彩、阴影、纹理、影像结构、图案、型式、相关体、位置、布局、空间关系、排列、组合、比例、纹形结构、地貌形态、水系、植被、水文、土壤、环境地质及人工标志、人文现象、人类活动、“透视信息”等。显然，上述罗列的判释标志名称不少是同义不同词的。

判释标志又可分为直接判释标志和间接判释标志。

直接判释标志：凡根据地物或自然现象本身所反映的信息特征可以直接判释目标物的存在和属性者，称为直接判释标志。

间接判释标志：是指通过与之有联系的其他地物在影像上反映出来的特征，间接推断某一地物或自然裂象的存在和属性。例如岩性、构造，可通过地貌形态水系格局、植被分布、土地利用等影像特征间接地表现出来。

直接判释标志和间接判释标志是一个相对的概念。

以下介绍一些常用判释标志，包括形状、大小、色调与色彩、阴影、纹理、图案、相关体、位置、排列组合、地貌、水系、植被、人类活动等。

（一）形体

形状特征是指物体的外貌而言。任何地物都具有一定的形状。

形状与比例有密切的关系。遥感图像上所看到的主要是地物的顶部形状或平面形状，是从空中俯视地物，是水平航空摄影，不同于习惯的侧视和斜视。运用俯视能力，对于提高遥感图像判释效果是相当重要的，例如，飞机、火山机构、苜蓿叶形立交桥等俯视比侧视要看得更清楚些。

航片是中心投影，物体在相片的边缘部分会产生变形，高差越大变形也就越大。判释人员应了解这种形状变形的规律和原因，以免受假象影响而得出错误的结论。

除水平航空摄影外，倾斜航空摄影有时也很有用。

（二）大小

大小特征是识别物体的重要标志之一。某一目标在相片上的尺寸，通常可以用该地区的其他已知的目标尺寸加以比较确定。在同一比例的航片上，大小不同的物体，其含义可能很不相同，根据航片上地物影像的大小，往往可以区别物体的属性。

同一地物在航片上影像的大小，取决于航片比例，当摄影比例大小变化时，同一地物的尺寸大小也随着变化，比例变小物体也变小。在进行图像判释时，应有比例大小的概念。否则，容易将地物辨认错。例如飞机场和足球场大小不一样，当然两者的形状，位置及设施也不尽相同。

（三）色调与色彩

色调是地物亮度在黑白相片上的表现，也就是黑白深浅的程度。

色调是重要的判释标志，实际上，影像之间如果没有色调差别，相片上的地物形状是显示不出来的。

色调的深浅是用灰阶（灰标、灰度）来表示，为了便于判释时统一描述尺度，一般分为 10 级描述，从白到黑分为白、灰白、淡灰、浅灰、灰、暗灰、深灰、淡黑、浅黑、黑。

10 级灰阶在实际运用中较难准确描出，因此，也有把灰阶分为 7 级（白、灰白、浅灰、灰、深灰、灰黑、黑）和 5 级（灰白、浅灰、灰、深灰、黑）的。有时还经常用更概括述语描述影像的色调特征，如浅色调、深色调，色调较浅、色调较深、亮色调、暗色调、色调均匀、色调不均匀、斑状色调、色调紊乱、色调边界清晰，色调边界模糊等。

黑白遥感图像上色调的深浅实际上与相应地物地面实测结果常常出现不符现象，其原因在于地质体受多种因素的影响。包括湿度、风化作用、植被、光照条件（太阳高度角、季节、摄影时间的变化等）。由此可见，地物在遥感图像上的色调标志并非一成不变的。

色调虽然经常变化，但仍然有规律可循。总的看来，在可见光黑白相片上，凡本色为深色的地物，其影像的色调较深；本色为浅色的地物，其影像的色调也较浅。此外在同一张相片上（同一光照条件下）色调的相对深浅是可以比较的。

下面以第四系松散沉积物中含水量的变化所引起的色调差异做简要阐述。

（1）色调的变化规律。灰白色色调表示排水良好、沉积物干燥、颗粒粗，如裸露的沙或卵石等；深色调表示内部排水不良、地下水位高、细颗粒土及有机物含量高。

（2）色调的均匀性。色调的均匀性反映了组成物质的均匀性和含水量的均匀性，如干旱地区的山前洪积物、冲积物，具有典型的均匀性；不均匀的色调，通常表明近距离内沉积的物质组成部分或含水量有变化；斑状的色调，表示在短距离范围内沉积物的成分或水分有显著的变化，最常见的班状色调出现在冰碛平原、冰水沉积平原、冻土等地区；条带状色调出现在沉积物颗粒、成分、水分具线状差异地区，冻土地区经常见到此现象；不规则色调多出现在干旱地区盐渍土分布地段。

（3）色调边界的清晰度。突变的、清楚的色调边界表示含水量变化快，这和无保持水分能力的粗颗粒土有关；渐变的、模糊的色调表示系细粒结构的沉积物，在高低地之间，含水量是逐渐变化的，因而色调也是渐变的。

上述色调变化规则是指在可见光黑白相片上的反映，其他图像不适用。

（四）阴影

阴影可帮助判释人员识别地物的侧面形状。当物体很小，或与周围环境分别不出色调反差时，阴影便显得特别有用，借助阴影可以量测地物的高度，判定相片的方位等。阴影尽管有上述用处，但总的说来是不利于工程地质判释的。所以，航空摄影往往是当地中午前后两小时内完成，以避免过多的阴影。

阴影可分为本影与落影两种。

（1）本影：地物未被太阳光直接照射到的阴暗部分所形成的阴影称为本影。本影有助于获得立体感，例如，有些航空地质摄影是在太阳角很低时候进行的，正是为了增强微小的地表起伏感。

（2）落影：在太阳照射下，地质投落在地面上的影子称为落影。落影的形状、长短与地物本身的形状、阳光照射方向、太阳高度角、地形起伏有关。落影可以帮助识别物体的大致轮廓以及识别楼房层数，桥梁的孔数、结构和类型等。借助落影还可量测地物的高度，特别是当太阳高度为45º时，航空相片上地物的落影长度恰好等于物体的高度。

阴影的高度和方向，随摄影日期、时间地区的纬度面呈有规律地变化。当物体高度不变时，阴影的长度主要与太阳高度角有关，太阳高度角在一天中地方时 12 点时最大，阴影最短。但太阳高度角在一天中是不断变化的，即使时间相同，不同纬度的太阳高度角也不相等。因此，要求得太阳高度角就必须知道不同日期、时间太阳的直射位置，天文上以赤纬表示。赤纬是太阳在黄道上的不同位置对于赤道的不同角距，此角距即某地的赤纬，太阳高度角可以从公开出版的星历表中查出，或从某些出版的图表中很容易估算出足够精度的太阳高度角。

（五）纹理

纹理又称“影像结构”，指相片影像色调变化的频率。它是由成群细小具有大致相同色调、形状的地物多次重复所构成、给视觉造成粗糙或平滑的印象。这些物体往往很小，单独识别不易看出。纹理是判释细小地物、特别是岩性、植被的重要标志。例如，根据纹理的差别可判断海滩上砂粒的粗细度，还可区别河床上的卵、砾石和砂子，以及区别砾岩和砂岩。在大比例航空相片上，根据树冠顶部树叶的影像纹理，可判别树种。在小比例相片上，根据树冠顶部形成的纹理，可区分针叶林和阔叶林。天鹅绒状平滑的纹理一般是幼龄林。粗糙状的纹理，一般是成材的老龄林等。

物体的纹理大小是随着影像的比例而变化。图像比例愈小，纹理作为判释标志的科学性愈加明显。

（六）图案

图案是由许多地物重复出现组合而成的，可以辨认个体，它既可包括相同，也可包括不同地物在形状、大小、色调、阴影等方面的综合表现。小系格局、土地利用型式、地质体等均可形成特有的纹形图案。

图案一般可用点状、斑状、块状、线状、条状、环状、格状、纹状、链状、栅状等描述。

（七）相关体

相关体又称“相关位置”“布局”，指多个地物之间的空间位置。许多地物之间往往存在着依存关系，以致一种物体的存在势必指示或证实另一种物体的存在和属性。相关体对逻辑推理判释方法更有重要意义。例如，石灰岩地区灰岩附近往往有采石场而不是崩塌；植被与岩性的依存关系；断裂与其两侧的伴生物造；火山机构与熔岩流等。

（八）位置

物体的环境位置对人工或天然物体的判释往往是有帮助的，地物和自然现象都具有一定的位置。例如河滩与阶地都位于河谷两侧；冲洪积扇位于沟口；滑坡、崩塌分布在斜坡地段；冰蚀山区的雪线附近发现湖泊，说明是冰斗湖，而河流两侧的湖泊，往往是牛轭湖等。

（九）排列、组合

同类物体往往以一定的排列和组合出现，有时单一的物体不会被人们所发现，而成群排列和组合的物体，往往目标更明显些。

人工设施经常考虑排列与组合以适应客观环境和需要。例如平原地区的长块状耕地和山区的梯田排列和组合有显著的不同；居民点中的新楼房和旧民房的排列和组合也不同一样。

排列、组合对地质判释也很有用，例如，通过各种水系的排列、组合形式，可以推断岩性和构造现象；根据雁列及共轭出现的线形构造，可以确定为扭性断裂。

（十）地貌

地貌是遥感图像工程地质判释经常应用的一种综合性判释标志，但也是不十分稳定和可靠的判释标志。

不同地貌是不同岩性在不同内外动力和引力作用下的结果。地貌是判释岩性的最好标志，不同的岩石具有不同的抗蚀能力。抗蚀性强的岩性形成陡坡和陡崖；抗蚀能力弱的岩层形成低缓地貌。不同气候条件下，同一岩层可以形成不同的地貌。如我国南方地区的石灰岩多构成典型的岩溶地貌，而北方地区的石灰岩，在岩层产状水平时，多表现为嶂谷和桌状山；倾斜岩层时，则表现为具有尖棱岩层的单面上，一般岩溶不发育。由此可见，地貌形态除与岩性、气候有关外，也与构造、产状以及地下水、地质发育历史等有关。

（十一）水系

水系往往能很好地反映岩性、构造等地质现象，它是遥感图像上最令人注目和感兴趣的标志之一。凡是在遥感图像上研究地貌、岩性和构造之前，首先应从研究水系入手，它是地质判释的重要间接判释标志。岩性的不同、地质构造的差异、活动断裂及隐伏构造等，都影响了水系的格局，而水系的演变则保存了一些地面上不易发现的地质构造历史演变过程的形迹。

根据水系判释地貌、岩性和地质构造主要是通过对水系的密度、均匀性、方向性及变异、冲沟形状、水系的类型（水系图形）、河流袭夺等的分析来实现的。

（十二）植被

植物影像作为植物判释是一种直接判释标志，但对地质判释而言，有时可作为间接判释标志。总的看来，植被茂密地区，对地质判释是不利的。

植被与岩性、地质构造、地下水的关系简介如下。

1. 植被与岩性的关系

植被的类型、密度、长势等，常受岩性的影响。结晶岩地区的松林，具有黛绿色的茂密枝叶；在我国热带、亚热带地区的花岗岩和砂岩地区多生长马尾松、油松、云南松、高山松、杉树等。棕、竹多生长在钙质土的灰岩地区；茶树、油茶树喜欢在红壤和酸性土地区生长；冷杉和云杉在西南多分布在海拔高的地区，在东北地区多分布于山坡上或沟底；桦树一般生长在黏性土地区。

基性岩、超基性岩、蛇纹岩地区，因含铬、镍、铁、镁等元素，不利于植被生长，致使植被生长欠佳；在含氮、磷、钾较多的土壤，植被生长良好。

2. 植被与地质构造、地下水的关系

地质判释中，最有价值的植被标志是排列成行。岩层造成的植被排列，往往呈疏密相间的条带分布，植被多沿断裂带成线状分布，盐生植物群落的出现有时与埋藏的盐丘构造有关。

石灰岩与页岩的接触面上，通常植被相当茂密；石灰岩地区岩溶裂隙水出露处多生长树木或成簇的灌木；在干旱地区，植被的分布与地下水的埋藏深度及含盐量关系极为密切，沙漠或砾漠中的植被往往是沿古河道、流水沟槽两侧或泛滥区内生长，如新疆地区的叶尔羌河河床两岸及旧河道都生长较多胡杨林。干旱地区的沟间干燥地带，植被极少，主要是耐旱的骆驼草、梭梭、沙蒿等。

（十三）人类活动

人类活动的痕迹可作为地质判释的间接标志，但人为活动又是对地面的一种干扰与破坏，大面积的开垦、造林、大规模的工程建设等，均给地质判释带来困难。但工程建设可暴露岩层露头，有利于地质判释。

在遥感图像上，人类活动痕迹是明显的，因为它们通常是由规则的点、线、面轮廓组成，与周围地物的原始面貌不协调。人类活动的痕迹可作为地质间接判释标志的实例较多，例如根据矿渣的堆弃，表明了矿藏与采空区的存在；有时通过煤室的分布规律，可以分析出地质构造。人类活动痕迹对评价工程地质条件也是有帮助的，如我国西北地区的窑洞，洪积扇上的耕地、居民点，旁山小路中断或外移常表征一些地质现象。

二、判释标志的运用方法

判释过程主要就是运用判释标志的过程，建立判释标志，引用它作为辨认某一地质体或自然现象的影像特征，并在运用中不断检验和补充这些标志，是判释效果好坏的症结所在。

遥感图像目视判释过程中，如何利用判释标志、来辨认地质或自然现象的存在和属性呢？通常可以归纳为以下几种方法。

（1）直判法：直判法是指通过遥感图像的判释标志，能够直接确定某一地物或自然现象的存在和属性的一种直观判释方法。

（2）对比法：是指将判释区遥感图像上所反映的某些地物和自然现象，与另一已知的遥感图像样片相比较，进而确定某些地物和自然现象的属性。

（3）邻比法：在同一张遥感图像或相邻较近的遥感图像上，进行邻近比较，进而区分出两种不同目标的方法，称为邻比法。

（4）逻辑推理法：逻辑推理法是借助各种地物或自然现象之间的内在联系所表现的现象，用逻辑推理的方法，间接判断某一地物或自然现象的存在和属性。这种方法也包括所谓的“逻辑收敛法”“证据收敛法”等，举例说明（渡口或涉水处）。

（5）历史对比法：利用同一地物不同时间重复成像的遥感图像加以对比分析，从而了解该地物或自然现象的变化情况，称为历史对比法。

上述几种方法在具体运用中不可能完全隔开，而是交错在一起，只能说是在某一判释过程中，某一方法占主导地位而已。

三、影响判释效果的因素

影响判释效果的因素有以下几种：

（一）工作地区的环境特点

1. 地形切割程度

地形切割中等剧烈，判释效果好；地形切割微弱判释效果差些，但对不良地质判释恰恰相反。年青地貌比老年地貌更有利于岩层和构造的判释。新构造强烈地区有利于第四系地层和活动构造的判释。

2. 区域地质构造特点

区域地质构造复杂对岩层判释不利，对构造本身也增加了判释难度；构造单一，如水平岩层，背斜、向斜地区，对岩层和构造判释均十分有利。

3. 基岩特征和接触关系

岩浆岩和沉积较变质岩容易判释；相邻岩石的特征、色调、软硬差别大时，界线易区分，反之，不易区分；角度不整合时其界线易区分，一般平行不整合界线难区分。又如灰岩与白云岩接触难区分，与砂页岩接触时易区分。

4. 气候与植被的影响

干旱地区判释效果好；湿热地区判释效果差。大片植被覆盖，判释效果差，但覆盖较少情况下，有可能成为地质判释的间接标志。

5. 人类活动的痕迹

大规模的人工边坡开挖，有利于岩层产状的判释和量测；古阶地往往被耕种所破坏，给判释带来了困难；采石场干扰了崩塌的辨认；掏砂洞的出现，说明该处第四系地层中含有砂砾石等。

（二）工作地区既有资料情况

1. 地质地理资料

既有地质资料越丰富，判释效果越好。在区域地质报告中，有大量地质构造和地层岩性的地貌形态描述，可作为地质判释参考。

有些地方志、地貌、旅游书籍和杂志等，有许多关于自然地理方面的记载与描述，像地震、水灾、山崩、泥石流活动的描述，河流、道路的变迁记述，庙等、寺塔、古迹、村落的演变记载，甚至山川及村庄的命名都能启发我们判释的思路，如红石沟、烂泥滩、三百洞、响水洞等。

2. 遥感图像资料情况

遥感图像资料情况包括遥感图像的片种，比例和洗印质量等。

（三）判释手段

立体镜观察像对较单张相片观察效果好；观察微地物要用放大倍率大的立体镜；进行不同内容的判释，应选用相应比例的图像。如了解区域地质构造和地层分布概况，宜用卫星图像；中型构造及地层划分用1 ：5万航片；小型构造、岩性划分及不良地质的判释，宜采用大比例航片；动态研究用不同时期遥感图像分析最为理想；各种遥感片种，各种比例图像结合可提高判释效果；有些地质判释要用倾斜航片效果好些，还可进行各种数字图像处理技术等。

（四）照明条件

理想照明度是 100~300 lx，应防止光线从相片上直接反射到判释者的眼睛里，光照应从左上方照到相片上。

（五）判释人员的经验

判释人员的经验包括四方面：一是判释人员的地学方面知识；二是摄影测量基本知识；三是遥感基本知识和判释技巧；四是对工作地区的熟悉程度。

四、判释标志的可变性及判释难易程度的分类

（一）判释标志的可变性

判释标志随着地区的差异和自然景观的变化而变化，绝对稳定的判释标志是不存在的。有的即使是同一地区的判释标志，在相对的稳定的情况下，也在变化，如某一岩层的产状发生变化时，其判释特片也随之发生变化。又如盐渍土地区，在旱季摄影时，黑白航片上显示灰白至白色色调，在潮湿季节摄影时，则呈现不同程度的深色调。

有些判释标志具有普遍意义，有的则带有地区性。判释标志的变化还与摄影时的光照条件、摄影的角度以及选用的感光材料、洗印条件等有关，如通信电杆上的磁瓶，在大比例航片上难以辨认，但当照射在磁瓶上的光线反射到航摄仪镜头上时，在航片上呈现出白色色调，根据白色色调，可确定为磁瓶。判释标志的可变性、地区性，决定了判释标志的局限性。

在遥感图像判释过程中，既要认识判释标志的稳定性，又要意识到其可变性。应在应用中随时总结工作区的判释标志，归纳出一些具有普遍意义和相对

稳定的判释标志，以便随后判释工作中有效应用该区的判释标志。

（二）工作地区判释难易程度的分类

工作地区判释难易程度直接影响判释工作的进展。为了对工作地区的判释工作量进行粗略估计，有必要把工作地区判释的难易程度进行分类，根据分类等级，以便更好地安排工作计划和人力调配。按工作地区自然景观特点，可把判释难易程度分为以下几种等级。

好：没有树木或树木极少，基岩出露程度良好，判释特征明显而稳定。在航片上各类岩石的分界线、地质构造线、岩层产状及不良地质界线，一般容易勾绘出来。

中等：工作地区树木和第四系沉积物覆盖范围不超过 50%，基岩出露程度较好，判释特征尚明显。在航片上各类岩石的分界线、地质构造线、岩层产状及不良地质界线等，一般能绘出来。

不好：工作地区 50% 以上面积有连续的树木和第四系沉积物覆盖，具有不连续的基岩露头。查明基岩的分布情况比较困难，但能确定主要地貌特征。在航片上只能极其粗略地查明地质构造及岩性情况，不良地质现象判释较困难。

很差：工作地区覆盖度达 70% 以上，绝大部分地区被森林、湖泊、冰雪所覆盖，或被城市、居民点、耕地、第四系沉积物所占据。根据航片上观察，只能查明一些地貌要素。

五、遥感技术在测绘工作中应用的意义

遥感技术的研究和应用已经具有多年的历史，不仅是科技进步的表现，同时也是促进我国各类资源发展的重要因素。同时，遥感技术和其他不同类型的学科相连接和渗透，成为相对比较重要的技术手段。遥感模式识别逐渐成为一种新的问题和挑战。经过不断的发展，遥感技术在地质勘察工作中的作用和成就都在不断提升。同时，遥感技术和电子科学以及计算机科学等相互交叉，

逐渐成为边缘学科的一种。在国家的经济建设、社会发展等方面都得到了高效应用。

六、遥感技术在地质测绘中的应用

遥感技术属于高新科技的范畴，成为完善对地观测系统的主体部分，不仅时效性和宏观性相对较强，而且信息量也比较多。可以利用 GPS 技术对地质的形变和灾害现象进行检测和控制，同时还能够从卫星遥感图像上体现出具体的地质情况，可见，在具体的实践中预见性相对较强。另外，还可以为地质灾害的调查工作提供相对比较全面和准确的数据信息和第一手资料。在推进国家经济建设和可持续发展的过程中发挥了重要的作用。目前，在地质测绘工作中，采用遥感技术已经成为一种相对比较普遍的趋势，也成为高新技术应用的必然趋势。

（1）遥感技术应用在地质测绘工作中，可以推动科学技术以及地质矿产资源的高效发展。另外，遥感技术还可以真实地对地质条件和地形地貌等进行具体和准确的反映。所有的结果都从传递的遥感信息中获得。在实际的发展中打破了传统测绘工程的数据，无论是在地质勘察还是在遥感测绘的分辨率上都增强了技术性。在实际的工作中，也不会受到比例尺的限制，遥感技术和地质条件的高效结合，促进了地质测绘工作的高效发展。

（2）采用遥感测绘技术可以在相对比较恶劣的地质环境中得以应用，比如一些岩浆岩或者是火山岩多发的地区，地质图形和具体的地质结构之间会存在着较大的差异，其中复合式岩体比较多见，这些地质情况都可以通过遥感图得到真实的反映。可见，对于这类地质类型，需要保证地质测绘的真实性和准确性，这样才能够对相关的地质信息进行明确，进而为土地管理工作的重要决策提供依据。因此，采用遥感技术是必然可行的，这种技术的专业性比较高，可以打破所有限制因素的障碍，促进地质测绘工作的高效发展。

第五节　全球定位系统（GPS）在工程地质测绘中的应用

一、关于 GPS 技术的概述

GPS 技术的工作原理相当简单，首先固定信号接收装置在某一个具体位置，经过太空中的卫星系统发射卫星信号，然后传递到感应信号接收器的位置，并将该信息发送至计算机，最后在计算机中分析整理接收的数据，得出信号接收器所指位置的坐标信息，并在坐标系中标注出所在位置。GPS 技术实际上是通过坐标系统确定定位位置，该技术系统可以分为低地固定坐标系统以及空间固定坐标系统，两个系统之间可以相互转换，以提高 GPS 坐标的精度。另外，因为定位测量方式存在差别，又划分为相对和绝对两类，相对定位的原理即空间几何状态，将三颗卫星的距离设定一个特殊值，结合已知的特定点位，并利用相关的空间几何运算方式，最终得出测绘地点的坐标信息；绝对定位是在测绘地点海拔高度和经纬位置的基础上，借助特定的坐标信息，得出测绘地点的坐标点的位置信息。

二、关于 GPS 测绘技术优缺点分析

（一）GPS 测绘技术的优点

首先，我国山区的特殊环境给工程测绘带来很大压力，利用 GPS 测绘技术只需通过卫星系统搜索的信号，就能完成测绘过程；其次，GPS 测绘技术省去了大量的测绘设备，避免了大型测绘设备使用及搬运的麻烦；再次，传统测绘需要人工制图，出图慢并且修改麻烦，而 GPS 技术结合电脑，出图快、修改方便，大大提高了测绘工程的工作效率。

（二）GPS 测绘技术的缺点

目前 GPS 技术在测绘工程方面的应用还不够成熟，还有很多地方需要提高改进。例如：GPS 测绘技术的关键在于接收卫星的信号，但现阶段接收的信号质量受天气变化影响的程度很大，直接影响到测绘结果。另外，GPS 测绘技术的应用发展还不完善，与其配套的相关设备存在不足。因此，必须加强对 GPS 测绘技术的研发，完善现阶段应用过程中发现的不足，使其能够更好地服务工程测绘工作。

三、GPS 技术在工程测绘中的应用

（一）确定测量参数

保证建筑质量的前提是确保建筑工程的测量精度。首先，GPS 技术可以提高测绘精度和质量，提高建筑设计的质量；其次，GPS 测绘技术可以掌控建筑工程的施工进度，测试施工细节及结果是否达到设计要求；最后，利用 GPS 技术设计调整，合理布置接收机，提高观测网的精度，然后根据卫星时间确定最佳观测时间，以满足不同施工要求的测绘工作。

（二）观测选址

提高控制网精度的关键在于科学合理地挑选观测点，GPS 观测可以优化选点位置，因此合理地设计安排测绘选点相当重要。首先，必须要选择视野开阔的地方，避免周围环境的影响，避免电磁源对 GPS 工作中的干扰；其次，选点的位置应避免对设备安装和保存造成影响，提高原点利用率，为减少后期测量的成本以及把控整体测量的质量，必须利用 GPS 进行合理选址。

（三）测量外业实施

采用 GPS 技术来实现建筑工程测绘的外业实施时，必须严格按照测量技术设计书的要求进行操作，根据指定的测量地点以及时间段安排完成测量工

作。关于建筑工程的控制测量，利用静态相对定位法观测，并根据控制等级调整设定卫星高度角、采样间隔及测量时间。另外，在利用GPS技术进行观测时，应当避免因个人用品的使用影响工作，在外业实施时还必须时刻监视测量设备的工作状态，保障观测质量不出状况。

（四）工程测量数据处理

完成外业实施以后，测量人员需要根据规定做好数据备份工作，保证测量工作成果的有效留存。处理数据之前，必须做好数据备份等预处理工作，避免数据丢失等意外发生，并采用科学的处理方法对数据误差进行核算处理，保证观测数据真实有效。另外，数据处理必须使用相应的数据处理软件来完成，以确保所得结果科学可靠。

GPS测绘技术优势明显，在很多领域中作用突出。一方面GPS测绘技术的应用提高了测绘工程的工作效率、精确度和可靠性；另一方面在极大程度上减轻了工作量，把工作人员从繁重的测量任务中解放出来。GPS技术与传统的测绘技术相比，大幅度提高了自动化程度，解决了工作效率及成本等问题，受到工程测绘技术人员的一致好评。下阶段GPS测绘技术的发展，必须着重完善其性能，加强配套设施的研发，使GPS测绘技术能够在工程测绘当中得到更加广泛的运用。

第六章　工程勘探与取样

第一节　钻探工程

一、钻探的工艺和操作技术

钻探是利用钻探设备在地下形成一直径小、深度大的圆柱体钻孔，并将钻孔中的岩土取至地面进行鉴别、描述和划分地层。

钻孔的结构，可用五个要素（三个面和二个测度）来说明：钻孔的顶面称为孔口、底面称为孔底、侧表面称为孔壁，圆柱体的高度称为孔深、直径称为孔径（也称口径）。采用变径钻探时，靠近孔口的最大直径称为开孔孔径，靠近孔底的最小直径称为终孔孔径。

钻探的操作过程是利用机械动力或人力（人力仅限于浅部土层钻探）使钻具回转或冲击，破碎孔底岩土，并将岩土带至地面，如此不断加深钻孔，直到预计深度为止。

钻探的基本操作工艺可包括破碎孔底岩土、提取孔内岩土和保护孔壁三个方面。

1. 破碎孔底岩土

钻探首先要利用钻头破碎岩土，才能钻进一定深度。钻进效率的高低取决于岩土的性质、钻头的类型和材料以及操作方法。破碎岩土的方法可分为回转法、冲击法、振动法和冲洗法。

2. 提取孔内岩土

孔底岩土破碎后，被破碎的土和岩芯、岩粉等仍留在钻孔中，为了鉴定岩土和继续加深钻孔，必须及时取出岩芯、清除岩土碎屑。提取孔内岩土的方法有下列几种。

（1）利用提土器，即螺纹钻头，将附在钻头及其上部的土与钻头一同提出孔外；

（2）利用循环液清除输出岩粉；

（3）利用抽筒（捞砂筒）将岩粉、岩屑或砂提取出钻孔；

（4）利用岩芯管取芯器或取土器将岩芯或土样取出。

3. 保护孔壁

由于钻孔的形成在地下留一孔穴，破坏了原来地层的平衡条件。在松散的砂层或不稳固的地层中（如杂填土、有大裂隙或发生膨胀的岩层），易发生孔壁坍塌；而在高灵敏性的饱和软弱黏土中又易发生缩孔。因此，为了防止孔壁坍塌或发生缩孔、隔离含水层以及防止冲洗液漏失等，必须保护孔壁。常用的护壁方法有泥浆护壁和套管护壁。

（1）泥浆护壁：由于泥浆具有胶体化学性质，在孔壁上形成泥皮，可以保护孔壁；同时由于泥浆的密度大，对孔壁的压力远大于水体的静水压力，也起到防止孔壁坍塌或缩孔的作用。泥浆护壁方法较为经济。

（2）套管护壁：在钻探的同时下护孔套管。防止孔口、孔壁坍塌的效果好，但操作麻烦、成本高。

二、钻探方法的分类和选用原则

根据钻探过程中破碎孔底岩土的方式不同，钻探方法可分为回转类钻探、冲击类钻探、振动钻探和冲洗钻探四类。

1. 回转类钻探

通过钻杆将旋转力矩传递至孔底钻头，同时施加一定的轴向压力实现钻进。产生旋转力矩的动力源可以是人力或机械，轴向压力则依靠钻机的加压系统以及钻具自重。根据钻头的类型和功能，回转类钻探可分为螺旋钻探、无岩芯钻探和岩芯钻探。

（1）螺旋钻探：钻进时将螺纹钻头（俗称提土器）旋入土层之中，提钻时带出扰动土样，供肉眼鉴别及分类试验。钻杆和钻头为空心杆，配合钻头的底活塞，可通水通气，防止提钻时孔底产生负压，造成缩孔等孔底扰动破坏。该方法主要适用于黏性土。

（2）无岩芯钻探：钻头类型有鱼尾钻头、三翼钻头、牙轮钻头等，钻进时对整个孔底切削研磨，使孔底岩土全部被破碎，故称全面钻进。用循环液清除输出岩粉，可不提钻连续钻进，效率高，但只能根据岩粉及钻进感觉判断地层变化。该方法适用于多种土类和岩石。

（3）岩芯钻探：钻头形状为圆环形，在钻头的刃口底部镶嵌或烧焊硬质合金或金刚石等。岩芯钻头按材料分为合金钻头、钢粒钻头和金刚石钻头，在结构上有单层管和双层管之分。钻进时对孔底做环形切削研磨，破碎孔底环状部分岩土，并用循环液清除输出岩粉，环形中心保留圆柱形岩芯，提取后可供鉴别、试验。其中金刚石钻头地钻进效率较高，高速回转对岩芯破坏扰动小，可获得更高的岩芯采取率。该方法适用于多种土类和岩石。

2. 冲击类钻探

利用钻具自重或重锤，冲击破碎孔底岩土，实现钻进。根据冲击方式和钻头的类型，冲击类钻探可分为冲击钻探和锤击钻探。

（1）冲击钻探：利用钻具自重冲击破碎孔底岩土实现钻进，破碎后的岩粉、岩屑由循环液冲出地面，也可采用带活门的抽筒提出地面。冲击钻头有“一”字形、“十”字形等多种，可通过钻杆或钢丝绳操纵冲击。该方法适用于密实的土类，对卵石、碎石、漂石、块石尤为适宜。冲击钻探只能根据岩粉、岩屑和感觉判断地层变化，对孔壁、孔底扰动都比较大，故一般是配合回转类钻探，当遇到回转类钻探难以奏效的粗颗粒土时才应用。

（2）锤击钻探：利用重锤将管状钻头（砸石器）击入孔底土层中，提钻后掏出土样可供鉴别。这种钻探方法效率较低，一般也是配合回转类钻探，遇到特殊土层时使用。该方法适用于多种土类，在合适的土类条件下采用钢丝绳连接的孔底锤击钻头钻进，则是一种效率高、质量好的钻探方法。例如在湿陷性黄土中采用薄壁钻头锤击钻进就是一种较好的钻探方法。

3. 振动钻探

通过钻杆将振动器激发的高速振动传递至孔底管状钻头周围的土中，使土的抗剪强度急剧降低，同时在一定轴向压力下使钻头贯入土中。该方法能取得较有代表性的鉴别土样，且钻进效率高，适用于黏性土、粉土、砂土及粒径较小的碎石土。但振动钻探对孔底扰动较大，往往影响高质量土样的采取。

4. 冲洗钻探

通过高压射水破坏孔底土层实现钻进，土层被破碎后由水流冲出地面。这是一种简单快速成本低廉的钻探方法，主要用于砂土、粉土和不太坚硬的黏性土。但冲出地面的粉屑往往是各土层物质的混合物，代表性较差，给土层的判断划分带来一定的困难。

除了上述各类主要钻探方法外，对浅部土层还可采用下列钻探方法：

（1）小口径麻花钻（或提土钻）钻进；

（2）小口径勺形钻钻进；

（3）洛阳铲钻进。

选择钻探方法应考虑的原则如下：

能够有效地钻至所需的深度，并能以一定的精度对钻穿的地层鉴定岩土类别和特性，确定其埋藏深度、变层界线和厚度；

能够采取符合质量要求的试样或进行原位测试，避免或减轻对取样段的扰动；

能够查明钻进深度范围内地下水的赋存情况。

因此，在编制纲要时，不仅要规定孔位、孔深，而且要规定钻探方法，现场钻探应按指定的方法操作，勘察成果报告中也应包括钻探方法的说明。

三、钻探的技术要求

1. 钻孔规格

钻探口径和钻具规格应符合现行国家标准的规定。成孔口径应满足取样、测试和钻进工艺的要求。采取原状土样的钻孔，口径不得小于 91 mm，仅需鉴别地层的钻孔，口径不宜小于 36 mm；在湿陷性黄土中，钻孔口径不宜小于 150 mm。

2. 钻探规定

（1）钻进深度和岩土分层深度的量测精度，不应低于 ± 5 cm。

（2）应严格控制非连续取芯钻进的回次进尺，使分层精度符合要求。在土层中采用螺纹钻头钻进时,应分回次提取扰动土样。回次进尺不宜超过 1.0 m，在主要持力层中或重点研究部位，回次进尺不宜超过 0.5 m，并应满足鉴别厚度小至 2 cm 的薄层的要求。在水下粉土、砂土层中钻进，当土样不易带上地面时，可用对分式取样器或标准贯入器间断取样，其间距不得大于 1.0 m。取样段之间则用无岩芯钻进方式通过，亦可采用无泵反循环方式用单层岩芯管回转钻进并连续取芯。在岩层中钻进时，回次进尺不得超过岩芯管长度，在软质岩层中不得超过 2.0 m。

（3）对要求鉴别地层和取样的钻孔，均应采用回转方式钻进，取得岩土样品。遇到卵石、碎石、漂石、块石等类地层不适用于回转钻进时，可改用振动回转方式钻进。

（4）对鉴别地层天然湿度的钻孔，在地下水位以上应进行干钻；当必须加水或使用循环液时，应采用双层岩芯管钻进。

（5）在湿陷性黄土中应采用螺纹钻头钻进，亦可采用薄壁钻头锤击钻进。

操作应符合“分段钻进、逐次缩减、坚持清孔”的原则。

（6）岩芯钻探的岩芯采取率，对完整和较完整岩体不应低于 80%，较破碎和破碎岩体不应低于 65%。对需重点查明的部位（滑动带、软弱夹层等）应采用双层岩芯管连续取芯。

（7）当需确定岩石质量指标 RQD 时，应采用 75 mm 口径（N 型）双层岩芯管和金刚石钻头。

（8）深度超过 100 m 的钻孔以及有特殊要求的钻孔包括定向钻进、跨孔法测量波速，应测斜、防斜，保持钻孔的垂直度或预计的倾斜度与倾斜方向。对垂直孔，每 50 m 测量一次垂直度，每深 100 m 允许偏差为 ±2º。定向钻进的钻孔应分段进行孔斜测量（每 25 m 测量一次倾角和方位角），倾角和方位角的量测精度应分别为 ±0.1º 和 ±3.0º。钻孔斜度及方位偏差超过规定时，应及时采取纠斜措施。

（9）对可能坍塌的地层应采取钻孔护壁措施。在浅部填土及其他松散土层中可采用套管护壁。在地下水位以下的饱和软黏性土层、粉土层和砂层中宜采用泥浆护壁。在破碎岩层中可视需要采用优质泥浆、水泥浆或化学浆液护壁。冲洗液漏失严重时，应采取充填、封闭等堵漏措施。

（10）钻进中应保持孔内水头压力等于或稍大于孔周地下水压，提钻时应能通过钻头向孔底通气通水，防止孔底土层由于负压、管涌而受到扰动破坏。

3. 地下水位量测

（1）初见水位和稳定水位可在钻孔、探井或测压管内直接量测，稳定水位的间隔时间按地层的渗透性确定，对砂土和碎石土不得少于 0.5 h，对粉土和黏性土不得少于 8 h，并宜在勘察结束后统一量测稳定水位。水位量测可使用测水钟或电测水位计。量测读数至厘米，精度不得低于 ±2 cm。

（2）钻探深度范围内有多个含水层，且要求分层量测水位时，在钻穿第一个含水层并量测稳定水位后，应采用套管隔水，抽干钻孔内存水，变径继续钻进，再对下一个含水层进行水位量测。

稳定水位是指钻探时的水位经过一定时间恢复到天然状态后的水位。采用泥浆钻进时，为了避免孔内泥浆的影响，需将测水管打人含水层 20 cm 方能较准确地测得地下水位。地下水位量测精度规定为 ±2 cm 是指量测工具、观测等造成的总误差的限值，因此量测工具应定期用钢尺校正。

4. 钻孔的记录和编录

（1）野外记录应由经过专业训练的人员承担。记录应真实及时，按钻进回次逐段填写，严禁事后追记。现场记录不得誊录转抄，误写之处可以画去，在旁边作更正，不得在原处涂抹修改。

（2）钻探现场可采用肉眼鉴别和手触方法，有条件或勘察工作有明确要求时，可采用微型贯入仪等定量化、标准化的方法。

（3）钻探成果可用钻孔野外柱状图或分层记录表示。岩土芯样可根据工程要求保存一定期限或长期保存，亦可拍摄岩芯、土芯彩照纳入勘察成果资料。

钻探野外记录是一项重要的基础工作，也是一项有相当难度的技术工作，因此应配备有足够专业知识和经验的人员来承担。野外描述一般以目测、手触鉴别为主，其结果往往因人而异。为实现岩土描述的标准化，如有条件可补充一些标准化、定量化的鉴别方法，将有助于提高钻探记录的客观性和可比性，这类方法包括：使用标准粒度模块区分砂土类别，用孟塞尔色标比色法表示颜色，用微型贯入仪测定土的状态，用点荷载仪判别岩石风化程度和强度等。

第二节　坑探工程

坑探工程也叫掘进工程、井巷工程，它在岩土工程勘探中占有一定的地位。与一般的钻探工程相比较，其特点是：勘察人员能直接观察到地质结构，准确可靠，且便于素描；可不受限制地从中采取原状岩土样和用作大型原位测试。尤其对研究断层破碎带、软弱泥化夹层和滑动面（带）等的空间分布特点及其工程性质等，更具有重要意义。

坑探坑道可分为两类：

①地表勘探坑道。包括探槽、浅井和水平坑道，水平坑道又分沿脉、穿脉、石门和平硐。

②地下勘探坑道。包括倾斜坑道和垂直坑道，倾斜坑道又分斜井、上山、下山，垂直坑道又分竖井、天井、盲井。

坑探工程施工坑探工程的掘进方法，按岩层稳定状况，分为一般掘进法和特殊掘进法；按掘进动力和工具，分为手工掘进和机械掘进。按掘进工艺程序可分为凿岩、爆破、装岩、运输、提升、通风、排水、支护等。

一、坑口类型及位置选择的原则

坑探工程坑口类型及位置的选择，一般应遵循以下几项原则。

1. 安全性原则

在坑探工程施工中，坑口安全十分重要，切不可掉以轻心，地质坑探工程坑口安全与否，不但影响坑口本身能否顺利掘进，而且影响整个坑探工程的始终，因此保证地质坑探工程坑口安全是施工过程中尤为重要的工作，所以，从预防事故、保障安全的角度出发，对坑探工程坑口的要求如下。

（1）在满足地质目的要求的前提下，坑口的位置尽可能地选择在比较坚固和稳定的岩土层中，保证坑口及有关探矿工程构筑物不受地表岩体滑坡、塌陷的危害。

（2）坑口标高一般应在现场历年最高洪水水位线 1 m 以上，以防洪水淹没坑口，否则，应在坑口周围修筑防洪排涝设施。

（3）坑口的位置应避免开口在含水层、受断层破坏和不稳固的岩层中，特别是岩溶发育的岩层和流沙层中，平硐、竖井、斜井应测设井巷通过地段的地形地质剖面图，查明地质构造情况，以便于更好地确定坑口的位置和坑口支护类型。

（4）除竖井外，平硐、斜井的坑口应以选择在山坡为宜，施工应尽可能早进硐，不开或少施工明硐。

（5）《地质勘探安全操作规程》规定，井巷进风含尘量不得超过 0.5 mg/m^3，为保证井巷进风质量，坑口最好处于常年风向的上风侧，坑口的开口也最好避免不要与当地的常年风向一致，以利于掘进时井巷的通风、排烟。

2. 施工投入工作量最小的原则

以最小的工程量投入获取最大的地质成果是地质工程设计与施工管理的一条经济性原则，对于坑探工程来说，在不影响地质效果的前提下，坑口及井巷位置选择应考虑使地表坑口开挖和以后坑内施工的工程量投入越少越好，从而减少整体工程的资金投入，降低勘探总体费用。

坑探工程一般主要由坑口、穿脉巷道、沿脉巷道等组成，其中穿脉和沿脉巷道的工程量取决于矿体的厚度、延伸或地质构造等客观地质因素，坑口在坑探工程中起联络和通道作用，是坑探工程的咽喉，坑口段工程量的大小对整个坑探工程极为重要，坑口段井巷工程工作量的增减，工期的增加或延长，将影响探矿工程总体工作量、工期，因此，在布置坑口位置时，应尽可能使坑口段井巷工程工作量最小，从而达到坑探工程整体工程量投入少、节省资金投入与降低勘探成本的目的。

3. 方便施工的原则

坑口位置布设应尽可能考虑后续施工的方便，为施工创造有利条件，并减少坑探工程的其他有关辅助工作量，为此要求：

（1）坑口位置必须有足够的场地，以便铺设运输线路，布置地表坑口工地建筑物和修建卸渣场地等，所有上述设施都应尽可能不占或少占农田、草场等资源。同时，坑口位置布设应尽量使坑口至坑内的供电、供风、供水线路为最短，平整坑口与工地建筑场地的工作量为最小。

（2）坑口位置布置应考虑便于修建坑口道路，便于设备器材的搬迁运输，以及有利于地表水和井下涌水的排出。

4. 一平、二竖、三斜原则

在坑探工程中，平硐由于具有施工方便、成本低、安全性较好的优点，在坑探工程中多被优先选用，相对的，竖井和斜井由于掘进施工工艺比较复杂，技术要求较高，设备、资金投入较大等因素，而较少地采用。但在某些情况下，如地势较平缓，无法布置平硐或平硐工作量投入太大，以致整体工程费用投入超过竖井（或斜井）的时候，也需要采用竖井（或斜井）施工，所以“一平、二竖、三斜原则”要灵活掌握和选用。

二、坑探工程的作用

坑探工程的作用主要包括：

①供地质人员进入坑道内直接观察研究地质构造和矿体产状。

②直接采集岩石样品，为探明高级储量，以及为后续的矿山设计、采矿、选矿和安全防护措施提供依据。

③对某些有色和稀有贵金属矿床必须用坑探来验证物探、化探和钻探资料。

④部分坑道用于探采结合。坑探工程除用于金属、贵金属、有色金属等普查勘探外，还用于隧道、采石、小矿山采掘和砂矿探采等领域。

三、坑探工程应用

坑探工程应用在地质工作各个阶段：

①在区域地质调查阶段，以施工探槽、浅井为主，用于揭露基岩、追索矿体露头，圈定矿区范围，为地质填图提供直观资料。

②在矿产普查阶段，以地下工程为主，掘进较短的水平坑道和倾斜坑道（称短浅坑道），查明地质构造，采取岩、矿样和进行地质素描等，以提高地质工作程度，做出矿床评价。

③在勘探阶段，常需掘进较深的水平、倾斜和垂直坑道（称中深坑道），以探明矿床的类型、矿体产状、形态、规模、矿物组分及其变化情况等，以求

得高级矿产储量。

四、坑探工程安全生产管理

1. 明确安全生产责任，提高施工单位准入门槛

对于坑探工程施工，相关部门应该严格根据国家的相关规定进行责任方及施工方的明确划分，对于没有施工资质的勘察单位应该将施工转包给具备施工资质的勘察单位。但是不管是哪一种承包模式，工程施工的安全管理责任主体都是勘察单位。具备施工资质的勘察单位不能将坑探工程进行分包，这样非常容易导致权责混乱，从而造成工程安全管理上的松散，因此，为确保坑探工程施工安全，勘察单位可以从加强施工队伍建设、增加安全系数较高的施工设备及增加专业技术人员数量等几方面出发。

2. 加强安全生产管理工作的监管，及时消除安全隐患

在开展地质勘察坑探工程过程中，要认真地对整个工程进行仔细的分析与研究，并且在施工计划中加入相应的安全生产管理工作制度。让安全生产管理工作贯穿于每一个施工环节中。同时，要加强安全生产管理工作的监督，在施工合同中，要把安全生产责任主体进行明确。以合同规定来对勘察施工单位进行约束，认真地分析每一个工作环节中，容易出现安全问题的地方，并且要进行及时的调整，避免安全事故地发生。对于一些技术要求高，危险性高的施工项目，要有专业的技术工作人员进行参与并负责，要提高对每一个施工环节进行规划，并且制定出相应的安全生产管理制度。当在施工过程中发现安全隐患时，要及时地进行汇报，并进行建档，在专业人员的配合下，做出及时调整，避免安全隐患的扩大。在安全隐患安全消除之后方可开展后续的施工，有效地避免了安全事故的发生。

3. 提供安全生产管理专项经费，获取管理工作主动权

尽管我国对于坑探工程安全管理，已经制定了比较详细的权责分配与生产相关细则，但是在实际生产中，相关的技术工作者及施工队伍一般由矿权方

进行把握，也就是说，实质上，其管理是受经济权利主导的。在坑探工程中，由于勘探单位不掌握经济控制权，因此，其制定的勘察监管方案难以得到矿权方及施工部门的重视。鉴于以上，必须从经济上对矿权方的权力进行一定的控制，在进行合同签订时，必须对工程项目各方的经济控制权进行进一步明确，同时，明确安全管理条例，在安全管理的细则中进行各项管理费用的详细规定，在相关的款项没有实际到达勘察单位账户之前，不能进行擅自动工，否则必须承担相应的后果。所以，勘察单位掌握矿权方与施工单位一定的经济控制权力，使其有效掌握施工安全管理主动权是一种非常有效的方式。

第三节　取样技术

一、钻孔取样

（一）钻孔取样的一般要求

除了在探井（洞、槽）中直接刻取岩土样品外，绝大多数情况下岩土样的采取是在钻孔中进行的，钻孔取样除了取样方法和取样工具的要求外，还对钻孔过程及取样过程有一定的要求，详细的要求可查看国家行业标准《原状土取样技术标准》（JGJ 89—92）。第一，对采取原状土样的钻孔，其孔径必须要比取土器外径大一个等级。第二，在地下水位以上应采用干法钻进，不得注水或使用冲洗液。而在地下水位以下钻进时应采用通气通水的螺旋钻头、提土器或岩芯钻头。在鉴别地层方面无严格要求时，也可以采用侧喷式冲洗钻头成孔，但不得采用底喷式冲洗钻头。当土质较硬时，可采用二重管回转取土器，取土钻进合并进行。第三，在饱和黏性土、粉土、砂土中钻进时，宜采用泥浆护壁。采用套管时，应先钻进再跟进套管，套管下设深度与取样位置之间应保留三倍管径以上的距离，不得向未钻过孔的土层中强行击入套管。第四，钻进宜采用回转方式，在采取原状土样的钻孔中，不宜采用振动或冲击方式钻进。第五，要求取土器下放之前应清孔。采用敞口式取样器时，残留浮土厚度不得超过5 cm。

当采用贯入式取土器取样时，还应满足下列要求。

（1）取土器应平稳下放，不得冲击孔底。取土器下放后，应核对孔深和钻具长度，发现残留浮土厚度超过要求时，应提起取土器重新清孔。

（2）采取工级原状土试样，应采用快速、连续的静压方式贯入取土器，贯入速度不小于0.1 m/s。当利用钻机的给进系统施压时，应保证具有连续贯入的足够行程。采取Ⅱ级原状土试样可使用间断静压方式或重锤少击方式。

（3）在压入固定活塞取土器时，应将活塞杆牢固地与钻架连接起来，避免活塞向下移动。在贯入过程中监视活塞杆的位移变化时，可在活塞杆上设定相对于地面固定点的标志，测记其高差。活塞杆位移量不得超过总贯入深度的1%。

（4）贯入取样管的深度宜控制在总长的90%左右。贯入深度应在贯入结束后仔细量测并记录。

（5）提升取土器之前，为切断土样与孔底土的联系，可以回转2~3圈或者稍加静置之后再提升。

（6）提升取土器应做到均匀平稳，避免磕碰。

当采用回转式取土器取样时，还应满足下列要求。

（1）采用单动、双动二（三）重管采取原状土试样，必须保证平稳回转钻进，使用的钻杆应事先校直。为避免钻具抖动，造成土层的扰动，可在取土器上加节重杆。

（2）冲洗液宜采用泥浆。钻进参数宜根据各场地地层特点通过试钻确定或根据已有经验确定。

（3）取样开始时应将泵压、泵量减至能维持钻进的最低限度，然后随着进尺的增加，逐渐增加至正常值。

（4）回转取土器应具有可改变内管超前长度的替换管靴。内管口至少应与外管齐平，随着土质变软，可使内管超前增加至 50~150 mm。对软硬交替的土层，宜采用具有自动调节功能的改进型单动二（三）重管取土器。

（5）在硬塑以上的硬质黏性土、密实砾砂、碎石土和软岩中，可使用双动三重管取样器采取原状土试样。对于非胶结的砂、卵石层，取样时可在底靴加置逆爪。

（6）在有充分经验的地区和可靠操作的保证下，采用无泵反循环钻进工艺，用普通单层岩芯管采取的砂样可作为Ⅱ级原状土试样。

（二）钻孔原状土样的采取方法

土样的采取方法指将取土器压入土层中的方式及过程。采取方法应根据不同地层、不同设备条件来选择。常见的取样方法有如下几种。

1. 连续压入法

连续压入法也称组合滑轮压入法，即采用一组组合滑轮装置将取土器一次快速的压入土中。一般应用在人力钻或机动钻在浅层软土中的采样情况下。由于取土器进入土层过程是快速、均匀的，历时较短，因此能够使得土样较好地保持其原状结构，土样的边缘扰动很小甚至几乎看不到扰动的痕迹。由于连续压入法具有上述优越性，在软土层中应尽量用此法取样。

2. 断续压入法

即取土器进入土层的过程不是连续的，而是要通过两次或多次间歇性压入才能完成的，其效果不如连续压入法，因此仅在连续压入法无法压入的地层中采用。断续压入时，要防止将钻杆上提而造成土样被拔断或冲洗液侵入对土样造成破坏。

3. 击入法

此法在较硬或坚硬土层中采样时采用。它采用吊锤打击钻杆或取土器进行土样的采取。在钻孔上面用吊锤打击钻杆而使土器切入土层的方法称为上击式；在孔下用吊锤或加重杆直接打击取土器而进行取土的方法称为下击式。

当取样深度小于临界深度 L 时，钻杆不会产生明显的纵向弯曲，采用上击式取土是有效的。但当取样深度大于 L 时，钻杆柱产生了纵向弯曲，最大弯曲点接触孔壁，使传至取土器的冲击力大大减弱，在这种情况下上击式取土效果差。另外，钻杆本身也是一个弹性体，当重锤下击时，极易产生回弹振动，因而容易造成土样扰动。由于存在上述缺点，上击法只用于浅层硬土中。

下击式取土由于重锤或加重杆在孔下直接打击取土器，避免了上击式取土所存在的一些问题。因此，它具有效率高、对土样扰动小、结构简单、操作方便等优点。下击式取土法采用在孔下取土器钻杆上套一穿心重杆的方法，用人力或机械提动重杆使之往复打击取土器而进行取土。在提动重杆或重锤时，应使提动高度不超过允许的滑动距离，以免将取土器从土中拔出而拔断土样。

4. 回转压入法

机械回转钻进时，可用回转压入式取土器（双层取土器）采取深层坚硬土样或砂样。取土时，外管旋转刻取土层，内管承受轴心压力而压入取土。由于外管与内管为滚动式接触，因此内管只承受轴向压力而不回转，外管刻取的土屑随冲洗液循环而携出孔外。如果泵量过小，则土屑不能全部排出孔口而可能妨碍外管钻进，甚至进入内外管之间造成堵卡，使内管随外管转动而扰动土样。回转压入取土过程中应尽量不要提动钻具，以免提动内管而拔断土样，即使在不进尺的情况下提动钻具，也应控制提动距离，使之不超过内管与外管的可滑动范围。

二、土壤采样技术

土壤样品的采集是土壤测试的一个重要环节，采集有代表性的样品，是如实反映客观情况的先决条件。因此，应选择有代表性的地段和有代表性的土壤采样，并根据不同分析项目采用相关的采样和处理方法。为保证土壤样品的代表性，必须采取以下技术措施控制采样误差。

1. 采样单元

采样前要详细了解采样地区的土壤类型、肥力等级和地形等因素，将测土配方施肥区域划分为若干个采样单元，每个采样单元的土壤要尽可能均匀一致。

平均采样单元为 100 亩（1 亩≈666.67 m²）（平原区、大田作物每 100 ~ 500 亩采一个混合样，丘陵区、园艺作物每 30 ~ 80 亩采一个混合样）。为便于田间示范追踪和施肥分区需要，采样集中在典型农户，采样单元相对在中心部位，以一个面积为 1 ~ 10 亩的典型地块为主。

2. 采样时间

粮食作物及蔬菜在收获后或播种前采集（上茬作物已经基本完成生育进程，下茬作物还没有施肥），一般在秋后。进行氮肥追肥推荐时，应在追肥前或作物生长的关键时期。

3. 采样周期

同一采样单元，无机氮每季或每年采集 1 次，土壤有效磷钾 2 ~ 4 年，微量元素 3 ~ 5 年，采集 1 次。

4. 采样点数量

要保证足够的采样点，使之能代表采样单元的土壤特性。采样点的多少，取决于采样单元的大小、土壤肥力的一致性等，一般以 7~20 个点为宜。

5. 采样路线

采样时应沿着一定的线路，按照“随机”“等量”“多点混合”的原则进行采样。一般采用 S 形布点采样，能够较好地克服耕作、施肥等所造成的误差。在地形较小、地力较均匀、采样单元面积较小的情况下，也可采用梅花形布点取样，要避开路边、田埂、沟边、肥堆等特殊部位。

6. 采样点定位

采样点采用 GPS 或县级土壤图定位，记录经纬度，精确到 0.01″。

7. 采样深度

采样深度一般为 0~20 cm，土壤硝态氮或无机氮的测定，采样深度应根据不同作物、不同生育期的主要根系分布深度来确定。

8. 采样方法

每个采样点的取土深度及采样量应均匀一致，土样上层与下层的比例要相同。取样器应垂直于地面入土，深度相同。用取土铲取样应先铲出一个耕层断面，再平行于断面下铲取土；微量元素则需要用不锈钢取土器采样。

9. 样品重量

一个混合土样以取土 1 kg 左右为宜（用于推荐施肥的 0.5 kg，用于试验的 2 kg），如果样品数量太多，可用四分法将多余的土壤弃去。方法是将采集的土壤样品放在盘子里或塑料布上，弄碎、混匀，铺成四方形，画对角线将土样分成四份，把对角的两份分别合并成一份，保留一份，弃去一份。如果所得的样品依然很多，可再用四分法处理，直至所需数量为止。

10. 样品标记

采集的样品放入统一的样品袋，用铅笔写好标签，内外各具一张。

三、地下水采样技术

（一）主要采样方法

1. 已有管路监测井

不用洗井，直接取样。

2. 普通检测井（标准环境监测井）

微洗井方式，气囊泵采样。

3. 水文调查井

①大功率抽水泵洗井采样。

②贝勒管洗井取样。

（二）已有管路监测井采样方法

对于已设立的现有国家或地方地下水监测井地下水样品采集工作涉及了

采样器管材、采样设备连接、样品采集过程等诸多方面。

1. 采样器管材及采样井的确认

套管和提水泵材料：应该是 PTFE（聚四氟乙烯）、碳钢、低碳钢、镀锌钢材和不锈钢。提水泵类型：采用正压泵（如潜水泵）。

出水口条件：不能在沉淀罐、水塔等设施之后采样；提水泵排水管上需带有阀门，且距离井位不能超过 30 m。

2. 导水管路连接

如果泵的排水管上安装有带阀门的支管，且排水口距离该支管的距离超过 2 m，则可将一管径相匹配的内衬 PTFE 的 PE（聚乙烯）软管（软管的中部接有一段玻璃管，以下简称采样软管）连接到该支管上，在采样软管的另一端连接一长度约为 350 mm、内径约为 5 mm 的不锈钢管。

如果泵的排水管上安装有带阀门的支管，但排水口与支管相距不足 2 m，则应在排水口连接一段延伸管，使排水口与采样支管的距离延伸至 2 m 以上。

如果泵的排水管上没有支管，但泵的排水口距离井口较近（例如农灌井），则应在泵口上连接一支管上带阀门的三通管件（不锈钢或 PTFE 材质），连接管路采用内衬 PTFE 的 PE 软管。

3. 井孔排水清洗

采样前必须排出井孔中的积水（清洗）。清洗完成的条件是：所排出的水不少于三倍井孔积水体积且水质指示参数达到稳定。

4. 采样基本条件

如套管和提水泵材料为 PVC 和 HDPE（高密度聚乙烯），采集有机物分析样品时，应冲洗半小时以上。

如果出水口不具备阀门，则在出水口处需加分流管采样。

观察采样软管中部的玻璃管，不得有气泡存在，否则通过调节采样支路阀门消除气泡。

调整采样支路阀门使采样支管出水流率为 0.2 ~ 0.5 L/min。

排水达到水质稳定条件后，取下流动池（如果使用），准备采样。

现场工作人员注意事项：不得吸烟；手部不得涂化妆品；采样人员应在下风处操作，车辆亦应停放在下风处。

5.VOC 样品的采集

旋下 40 mL VOA 瓶螺旋盖，滴入 4 滴 1 ：1 盐酸溶液。盐酸溶液可在实验室内预先加入。

将不锈钢管出水端口伸入 VOA 瓶底部，使水样沿瓶壁缓缓流入瓶中，同时不断提升不锈钢管，直至在瓶口形成一弯月面，迅速旋紧螺旋盖。不可产生过多溢流，否则该瓶样品作废。不锈钢管外壁不要对样品污染。

将 VOA 瓶倒置，轻轻敲打，观察瓶内有无气泡。若发现气泡，则该瓶水样作废，换一个新 VOA 瓶，重新采样。

采样合格的 VOA 瓶贴上标签，并以透明胶带覆盖标签。用电气胶带固定瓶盖。将 VOA 瓶平放或倒置在内装冰块的冷藏箱中，且必须是与冰块平衡的水相。必要时可使用电冷藏箱。

6.SVOC 分析样品的采集

旋开 1 000 mL 样品瓶的螺旋盖，将不锈钢管出水端口伸入瓶底，使水样沿瓶壁缓缓流入瓶中，同时不断提升不锈钢管，直至在瓶口形成一弯月面，迅速旋紧螺旋盖。SVOC 样需采集 1 000 mL，取双样。以下各步操作同重复“VOC 分析样品的采集”。

（三）普通检测井（标准环境监测井）采样方法

对于普通检测井（标准环境检测井）使用微扰洗井，气囊泵采样，优点有：

（1）有效降低井水浊度，迅速取得透明澄清样品；

（2）缩短取样和测量时间，一般情况下只需要 13 min 即可完成一口井的洗井、在线参数监测和取样工作；

（3）取样过程中有效控制地下水位泄降值≤ 10 cm，符合 EPA 的严格要求，保证了地下水环境的平衡，水的化学性质变化微小，样品更具代表性；

（4）水样避免暴露于环境空气，真实准确的再现地下的水环境质量，在线测试的 6 项理化指标，数据的稳定性、准确性大大好于普通采样，数据逻辑关系清晰。

1. 洗井

（1）汲水位置为井筛中间部位（当水位高于井筛顶部时）、井内水位中点（当水位低于井筛顶部时）。

（2）应缓缓将抽水泵下降放置定位，并尽量避免扰动井管水，以免造成汲出水之浊度增加，因而增加洗井时间。

（3）设定汲水速率从最小流量开始，慢慢调整汲水流量控制于 0.1 L/min（汲水速率通常视监测井附近地质、水文条件而定），每隔 1~2 min 测量水位一次，直到水位达到平衡为止。

（4）井中水位泄降未超过 1/8 倍井筛长，且测量之水质参数达到稳定后，即可以抽水泵进行采样。

（5）记录抽水开始时间，同时测量并记录汲出水的 pH 值、导电度及现场测量时间。采集挥发性有机物样品加测溶氧、氧化还原电位。同时观察汲出水有无颜色、异样气味及杂质等，并做记录。

（6）洗井过程中需继续测量汲出水的水质参数，同时观察汲出井水颜色、异样气味，有无杂质存在，并于洗井期间现场测量至少五次以上，直到最后连续三次符合各项参数之稳定标准。

若已达稳定，则可结束洗井。洗井时，汲出水确认有污染可能时（特别是污染场址汲出水），则不可任意弃置或与其他液体混合，须将挤出的水置于容器内，并等水样检测结果后，决定处理方式。

2. 采样

（1）洗井完成或水质参数稳定后，在不对井内做任何扰动或改变位置的情形下，维持原来洗井低流速，直接以样品瓶接取水样。

（2）检测项目中有挥发性有机物时，抽水泵采样其速率应控制在 0.1 L/min

以下，并确认管线中无气泡存在以避免挥发性有机物逸散。

第四节　工程物探

一、地球物理勘探

地球物理勘探，简称物探，是以地下岩体的物理性质的差异为基础，通过探测地表或地下地球物理场，分析其变化规律，来确定被探测地质体在地下赋存的空间范围（大小、形状、埋深等）和物理性质，达到寻找矿产资源或解决水文、工程、环境问题为目的的一类探测方法。

物理性质：岩体的物理性质主要有密度、磁性、电性、弹性、放射性等。主要物性参数密度、磁场强度、磁化率、电阻率、极化率、介电常数、弹性波速、放射性伽马强度等。

地球物理场：物理场可理解为某种可以感知或被仪器测量的物理量的分布。地球物理场是指由地球、太空、人类活动等因素形成的、分布于地球内部和外部近地表的各种物理场。可分为天然地球物理场和人工激发地球物理场两大类。

天然场；天然存在和形成的地球物理场主要有地球的重力场、地磁场、电磁场、大地电流场、大地热流场、核物理场（放射性射线场）等。

人工场：由人工激振产生弹性波在地下传播的弹性波场、向地下供电在地下产生的局部电场、向地下发射电磁波激发出的电磁等，发球人工激发的地球物理场。人工场源的优点是场源参数书籍、便于控制、分辨率高、探测效果好，但成本较大。

地球物理场还可分为正常场和异常场。

正常场：是指场的强度、方向等量符合全球或区域范围总体趋势、正常水平的场的分布。

异常场：是由探测对象所引起的局部地球物理场，往往叠加于正常场之上，以正常场为背景的场的局部差异和变化。例如富存在地下的磁铁矿体或磁性岩体产生的异常磁场，叠加在正常磁场之中；铬铁矿的密度比围岩的密度大，盐丘岩体的密度比围岩的密度小，分别引起重力场局部增强或减弱的异常现象。

二、物探方法

（一）重力勘探

重力勘探是研究地下岩层与其相邻层之间、各类地质体与围岩之间的密度差而引起的重力场的变化（即“重力异常”）来勘探矿产、划分地层、研究地质构造的一种物探方法。重力异常是由密度不均匀引起的重力场的变化，并叠加在地球的正常重力场上。

（二）磁法勘探

磁法勘探是研究由地下岩层与其相邻层之间、各类地质体与围岩之间的磁性差异而引起的地磁场强度的变化（即“磁异常”）来勘探矿产、划分地层、研究地质构造的一种物探方法。磁异常是由磁性矿石或岩石在地磁场作用下产生的磁性叠加在正常场上形成的，与地质构造及某些矿产的分布有着密切的关系。

磁法勘探按观测磁场的方式可以分为地面磁测和航空磁测两类基本方法。

（三）电法勘探

电法勘探是以岩石、矿物等介质的电学性质为基础，研究天然的或人工形成的电场、电磁场的分布规律，勘探矿产、划分地层、研究地质构造、解决水文工程地质问题的一类物探方法，也是物探方法中分类最多的一大类探测方法。按照电场性质不同，可分为直流电法和交流电法两类。

直流电法勘探主要包括电剖面法、电测深法、充电法、激发极化法及自然电场法等。

交流电法勘探，即电磁法勘探，按场源的形式可分为人工场源（或称主动场源）和天然场源两大类。人工场源类电磁法主要有无线电波透射法、甚低频法、瞬变电磁法、可控源音频大地测深法、地质雷达法等。天然场源类电磁法包括天然音频大地电磁法、大地电磁法等。

（四）地震勘探

地震勘探是一种使用人工方法激发地震波，观测其在岩体内的传播情况，以研究、探测岩体地质结构和分布的物探方法。确定分界面的埋藏深度、岩石的组成成分和物理力学性质。

根据所利用弹性波的类型不同，地震勘探的工作方法可分为：反射波法、折射波法、透射波法和瑞雷波法。

（五）放射性勘探

地壳内的天然放射元素蜕变时会放射出 α、β、γ 射线，这些射线穿过介质便会产生游离、荧光等特殊的物理现象。放射性勘探，就是借助研究这些现象来寻找放射性元素矿床和解决有关地质问题、环境问题的一种物探方法。

（六）地球物理测井

地球物理测井，简称为测井，就是通过研究钻孔中岩石的物理性质，诸如电性、电化学活动性、放射性、磁性、密度、弹性以及隙度、渗透性等来解决钻孔中有关地质问题的一类物方法。

测井方法包括电测井、磁测井及电磁测井、声波测井、地震测井、放射性测井、钻孔全孔壁数字成像、钻孔电视，以及井径测量、井斜测量、井温测量以及井中流体测量。

三、物探方法的特点

（1）探测地质体与围岩之间的具有较为明显的物性差异。

（2）采用相应的仪器设备观测和测量地球物理场的信息，并用数据处理技术进行处理，对异常进行识别和解释。

（3）成本低，效率高。

（4）多解性。物探解释结果是根据物探仪器观测到的地球物理数据求解场源体的反演过程，反演具有多解性；同时物探理论是建立在一定的数学模型基础之上，具有确定的条件（物性，地质、地形等），但实际上难以完全满足，也影响了物探解释的精度。

为了获得更加准确的物探成果，应注意以下几点：

（1）选择适合的方法。应根据探测目的层与相邻地层的物性特征、地质条件、地形条件等因素综合分析，有针对性地选择物探方法。

（2）尽可能采用多种物探方法配合，相互对比、相互补充、相互验证、去伪存真。

（3）物探剖面尽可能通过钻孔、探井等已知点，对物探解释提供参数和验证。

（4）注重与地质调查和地质理论相结合，进行综合分析判断。

四、物探方法的应用范围和条件

（一）应用范围

1. 区域地质调查及矿产勘察

划分地层、探测地质构造，寻找矿体及与成矿有关的地层或构造。

主要方法：重力、磁法、电法，地震（石油、煤田）、放射性（铀矿）、测井。

2. 水文地质勘察及找水

划分地层、探测地质构造，寻找储水地层或构造，确定含水层的埋深、厚度、含水量，划分咸淡水界面等。

主要方法：电法（电阻率、激电、电磁法），测井、地震、放射性。

3. 工程地质勘察、环境地质勘察

探测覆盖层、基岩风化带厚度及其分布；隐伏构造、岩溶裂隙发育带等。

主要方法：电法（电阻率、激电、电磁法），测井、地震、放射性。

4. 工程测试与检测

土壤电阻率测试、岩体质量检测、岩土力学参数测试、混凝土质量检测、放射性检测、桩基检测、地下管线探测等。

主要方法：电法（电阻率、探地雷达），地震波及声波测试（测井）、放射性测试。

（二）应用条件

（1）探测目的层与相邻地层或目的体与围岩之间的具有明显的物性差异；

（2）探测目的层或目的体相对于埋深具有一定的规模；

（3）探测目的层与相邻地层的岩性、物性及产状较为稳定；

（4）满足各方法的地形条件要求；

（5）不能有较强的干扰源存在。

五、物探在工程勘探中的应用

（一）覆盖层探测

1. 探测内容

（1）覆盖层厚度探测。

（2）覆盖层分层。

（3）覆盖层物性参数测试。

2. 探测方法的选择

覆盖层厚度探测与分层常采用的物探方法主要有浅层地震勘探（折射波法、反射波法、瑞雷波法）、电法勘探（电测深法、高密度电法）、电磁法勘探（大地电磁测深入、瞬变电磁测深、探地雷达）、水声勘探、综合测井、弹性波 CT 等。覆盖层岩（土）体物性参数测试常采用的物探方法主要有地球物理测井、地震波 CT、速度检层等。

覆盖层厚度探测与分层应结合测区物性条件，地质条件和地形特征等综合因素，合理选用一种或几种物探方法，所选择的物探方法应能满足其基本应用条件，以达到较好的地质效果。

（1）覆盖层厚度探测物探方法的选择。

①根据覆盖层厚度选择物探方法。覆盖层厚度较薄时（小于 50 m），一般可选择地震勘探（折射波法、瑞雷波法）、电法勘探（电测深法、高密度电法）和探地雷达等物探方法；覆盖层厚度时（50 ~ 100 m），一般可选择电测深法、地震反射波法、电磁测深等方法；当覆盖层厚度深厚时（一般大于 100 m），一般可选择地震反射法、电磁测深等物探方法。

②根据测区地形条件选择物探方法。当场地相对平坦、开阔、无明显障碍物时，一般可选择地震勘探（折射波法、反射波法、瑞雷波法）、电法勘探（电测深法、高密度电法）等物探方法；当场地相对狭窄或测区内有居民区、农田、果林、建筑物等障碍物时，一般可选择以点测为主的电测深法、瑞雷波法和电磁测深等物探方法。

③在水域进行覆盖层厚度探测时，可根据工作条件选择物探方法。在河谷地形、河水面宽度不大于 200 m、水流较急的江河流域，一般选择地震折射波法和电测深法等物探方法；在库区、湖泊、河水面宽度大于 200 m、水流平缓的水域，一般选择水声勘探、地震折射波法等物探方法。

④根据物性条件选择物探方法。当覆盖层介质与基岩有的波速、波阻抗差异时，可选择地震勘探，但当覆盖层介质中存在调整层（大于基岩波速）或速

度倒转层（小于相邻波速）时，则不适宜采用地震折射波法；当覆盖层介质与基岩有明显的电性差异是，可选择电法勘探或电磁法；当布极条件或接地条件较差时，如在沙漠、戈壁、冻土等地区可选电磁法勘探。

（2）覆盖层分层物探方法的选择。

①根据覆盖层介质的物性特征选择物探方法。当覆盖层介质呈层状或似层状分布、结构简单、有一定的厚度、各层介质存在明显的波速或波阻抗差异时一般可选择地震折射波法、地震反射波法、瑞雷波法等，其中瑞雷波法具有较好的分层效果；当覆盖层各层介质存在明显的电性差异时，可选择电测深法；当覆盖层各层介质较薄、存在较明显的电磁差异、且探测深度较浅时，可选择探地雷达法。

②根据覆盖层介质饱水程度选择物探方法。地下水位往往会构成良好的波速、波阻抗议和电性界面，当需要对覆盖层饱水介质与不饱水介质分层或探测地下水位时，一般可选择地震折射波法、地震反射波法和电测深法，但地震折射波法不对地下水位以下的覆盖层介质进行分层；瑞雷波法基本不受覆盖层介质饱水程度的影响，当把地下水位视察为覆盖层介质分层的影响因素时，可采用瑞雷波法。

③利用钻孔进行覆盖层分层。一般选择综合测井、地震波 CT、速度检层等。

④探测覆盖层中软夹层和砂夹层时，在有条件的情况下可借助钻孔进行跨孔测试或速度检层测试；在无钻孔条件下，对分布范围较大、且有一定厚度的软夹层和砂夹层，可采用瑞雷波法。

（3）覆盖层物性参数的测试。

①在地面进行覆盖层物性参数的测试。一般采用地震折射波法、反射法、瑞雷波法进行覆盖层各层介质的纵波速度和剪切波速度测试；采用电测深法进行覆盖层各层介质的电阻率测试。

②在地表、断面或人工坑槽处进行覆盖层物性参数的测试。一般可采用地震波法和电测深法对所出露地层进行纵波速度、剪切波速度、电阻率等参数的

测试。

③在钻孔内进行覆盖层物性参数的测试。一般采用地球物理测井、速度检层等方法测定钻孔中覆盖层的密度、电阻率、波速等参数，确定各层厚度及深度，配合地面物探了解物性层与地质层的对应关系，提供地面物探定性及定量解释所需的有关资料。

（二）隐伏断层探测

1. 探测内容

（1）断层位置、产状。

（2）破碎带宽度。

（3）断层物性参数（电阻率、波速、密度、孔隙度）测试。

2. 探测方法选择

探测陷伏构造的物探方法较多，应根据探测任务（内容）层的埋深、规模、覆盖层性质、断岩与围岩物性差异、地形条件、干扰因素等选择一种或两种地质效果比较确切的物探方法。以一种方法为主，另一种方法为辅。解决唯一地质问题一般不必同时并列使用几种方法。

（1）隐伏构造（断层破碎带）位置、规模和延伸情况探测。

可选用折射波法、反射波法、电剖面法、高密度电法、电测深、瞬变电磁法、大地电磁测深和孔间 CT、瑞雷波法、放射性测量等。其中：

①当覆盖层厚度小于 30 m，尤其是探测火成岩和变质岩中的断层时，选用浅层折射波法，一般都可取得较好的地质效果。

②探测沉积岩层中具有明显垂直断距的断层时，且选用浅层反射法。

③当覆盖层厚度小于 30 m、沿测线地形比较平缓时，宜选择联合剖面法作普查、高密度电法作详查、电测深作辅助方法。

④当覆盖层厚度大于 50 m 时，宜采用可控源音频大地电磁测深法。

⑤探测两钻孔间的断层位置、规模和延伸情况可采用孔间 CT 或电磁波 CT。

⑥当断层破碎带具有较好的透气性和渗水性，有放射性气体沿断裂带上升到地面时，可采用放射性测量。

（2）断层物性参数测试。

当钻孔打穿了断层时，可选用地球物理测井方法测试断层的物性参数。

①测试断层的电阻率可采用电阻率测井。

②测试断层的波速可采用声速测井，此外折射波法变亦可依据界面速度提供较大断层的波速。

③测试断层的密度可采用 $\gamma-\gamma$ 测井。

④测试断层的孔隙度可采用声速井和 $\gamma-\gamma$ 测井。

3. 工作布置

（1）测线方向宜垂直断层的走向，或者根据勘探的需要与地质勘探线一致。

（2）在山区布置测线时，宜沿地形等高线或顺山坡布置；河谷区测线宜顺河流方向或垂直河流方向布置。测线应避开干扰源。

（3）在断层走向不明的测区，试验阶段宜布置十字形测线。

（三）岩溶探测

1. 探测内容

①地表喀斯特中溶沟、溶槽、溶蚀洼地的岩面起伏、形态和覆盖层厚度以及漏斗、落水洞等的发育位置、规模和形态。

②地下喀斯特的发育位置、规模、形态与延伸以及岩溶水的赋存情况。

2. 探测方法的选择

根据喀斯特的各项物理特性，结合此类地区性的特殊地质条件可进行以下选择。

①当基岩裸露时，主要使用探地雷达，可选用瞬变电磁法、浅层反射波法探测中、浅部地下喀斯特。

②当覆盖层较薄时：

a. 地表喀斯特探测主要使用高密度电法，可选用瞬变电磁法、浅层折射波法。

b. 中、浅部地下喀斯特探测主要使用高密度电法、浅层反射波法，可选用电剖面法、探地雷达、瞬变电磁法。

c. 中、深部地下喀斯特探测主要使用音频大地电磁测深和可控源音频大地电磁测深。

③当地表覆盖层较厚时，主要使用音频大地电磁测深和可控源音频大地电磁测深法探测地下喀斯特及规模较大的地表喀斯特。

④探测隧洞及钻孔周围 0～20 m 范围的喀斯特使用探地雷达，探测钻孔 0～2 m 范围内的喀斯特使用声波法。

⑤详细探测喀斯特的位置、规模、延伸、充填情况 CT 探测。

⑥探测孔壁地层溶蚀情况、暗河或泉水在钻孔中的位置、喀斯特地下水位等使用综合测井。

喀斯特与围绕岩之间存在着明显的物性差异，但其体态不具备层状特征，存在空间上的不均一性和水文地质条件的复杂性，尤其常常伴随复杂的地形地质条件，实际工作中应根据其发育特点，合理选择相适应能力的方法，当地球物理条件较理想时，可有针对性地选择效果较好的单一方法，当地球物理条件不理想时，尽可能使用多种方法进行综合探测，以取得较好的地质效果。

受工作条件、探测精度及其他方法特点的限制，地面探测一般用于工程前期勘测阶段，以普查和了解喀斯特发育规律为主，为整体方案的可行性提供依据；孔内方法和探地雷达等精度较高、探测范围相对较小的方法则主要用于工程在建期间，有针对性地查明重点部位喀斯特发育情况，为施工处理方案的制定提供依据。

3. 工作布置

（1）测线、测点按先面后点、先疏后密、先地面后地下、先控制后一般的原则布置。

（2）测线一般垂直于喀斯特发育带，如需追踪其延伸，可平平行布置垂直于延伸方向的多条测线。

（3）测线应与其他勘探线或有已知资料的地段重合，便于解释计算过程中获取参数，减少误差。当使用综合方法进行探测时，各种方法的测线应重合，以获得综合分析解释推断。

（4）测线间距主要根据任务要求和溶洞大小与埋深等因素决定。

（5）当发现或预计有可能存在危害工程的洞隙时，应加密测点。

（四）地下水勘察中的应用

（1）确定覆盖层厚度及基岩起伏形态，确定含水层（砂卵石）的分布、厚度、埋深，选用高密度电法、电测深法、电磁法。

（2）探测地层富水性能，用激发极化法。

（3）古河道、山前洪积扇地下水的调查，选用高密度电法、电阻率测深、电阻率剖面、瞬变电磁法与可控源音频大地电磁测深法。

（4）在砂泥岩地层分布中探测砂岩孔隙、裂隙水，选用电阻率法和激发极化法。

（5）探测基岩构造裂隙水，寻找构造位置，选用电磁法、电法、放射性法、地震法。

（6）探测基岩风化壳厚度及富水性，选用高密度电法、电测深法与激发极化法。

（7）岩溶地下水的探测，选用电阻率测深法、激发极化法、电磁法、探测断裂构造，可选择电法、地震及放射性综合物探方法。

五、地震勘探

地震勘探是指人工激发所引起的弹性波利用地下介质弹性和密度的差异，通过观测和分析人工地震产生的地震波在地下的传播规律，推断地下岩层的性质和形态的地球物理勘探方法。

地震勘探是地球物理勘探中最重要、解决油气勘探问题最有效的一种方法。它是钻探前勘测石油与天然气资源的重要手段，在煤田和工程地质勘察、区域地质研究和地壳研究等方面，也得到广泛应用。

（一）勘探原理

“地震”就是“地动”的意思。天然地震是地球内部发生运动而引起的地壳的震动。地震勘探则是利用人工的方法引起地壳振动（如炸药爆炸），再用精密仪器按一定的观测方式记录爆炸后地面上各接收点的振动信息，利用对原始记录信息经一系列加工处理后得到的成果资料推断地下地质构造的特点。

在地表以人工方法激发地震波，在向地下传播时，遇有介质性质不同的岩层分界面，地震波将发生反射与折射，在地表或井中用检波器接收这种地震波。收到的地震波信号与震源特性、检波点的位置、地震波经过的地下岩层的性质和结构有关。通过对地震波记录进行处理和解释，可以推断地下岩层的性质和形态。

地震勘探在分层的详细程度和勘察的精度上，都优于其他地球物理勘探方法。地震勘探的深度一般从数十米到数十千米。地震勘探的难题是分辨率的提高，高分辨率有助于对地下精细的构造研究，从而更详细地了解地层的构造与分布。

（二）应用范围

爆炸震源是地震勘探中广泛采用的人工震源。目前已发展了一系列地面震源，如重锤、连续震动源、气动震源等，但陆地地震勘探经常采用的重要震源仍为炸药。海上地震勘探除采用炸药震源之外，还广泛采用空气枪、蒸汽枪及电火花引爆气体等方法。

地震勘探是钻探前勘测石油与天然气资源的重要手段。在煤田和工程地质勘察、区域地质研究和地壳研究等方面，地震勘探也得到了广泛应用。20 世纪 80 年代以来，对某些类型的金属矿的勘察也有选择地采用了地震勘探方法。

（三）特点

地震勘探也称勘探地震学，该方法的土要特点如下。

（1）利用专门仪器并按特定方式观测岩层间的波阻抗差异，进而研究地下地质问题；

（2）通过人工方法激发地震波，研究地震波在地层中传播的规律与特点，以查明地下的地质构造，为寻找油气田或其他勘探目标服务；

（3）地震勘探的投资回报率很高，几乎所有的石油公司都依赖地震勘探资料来确定勘探和开发井位；

（4）三维地震勘探的成果能提供丰富的地质细节，极大地促进了油藏工程的发展。

（四）勘探过程

地震勘探过程由地震数据采集、数据处理和地震资料解释 3 个阶段组成。

1. 数据采集

在野外观测作业中，一般是沿地震测线等间距布置多个检波器来接收地震波信号。安排测线采用与地质构造走向相垂直的方向。依观测仪器的不同，检波器或检波器组的数量少的有 24 个、48 个，多的有 96 个、120 个、240 个甚至 1 000 多个。每个检波器组等效于该组中心处的单个检波器。每个检波器组接收的信号通过放大器和记录器，得到一道地震波形记录，称为记录道。

为适应地震勘探各种不同要求，各检波器组之间可有不同排列方式，如中间放炮排列、端点放炮排列等。记录器将放大后的电信号按一定时间间隔离散采样，以数字形式记录在磁带上。磁带上的原始数据可回放而显示为图形。

常规的观测是沿直线测线进行，所得数据反映测线下方二维平面内的地震信息。这种二维的数据形式难以确定侧向反射的存在以及断层走向方向等问题，为精细详查地层情况以及利用地震资料进行储集层描述，有时在地面的一定面积内布置若干条测线，以取得足够密度的三维形式的数据体，这种工作方法称为三维地震勘探。

三维地震勘探的测线分布有不同的形式，但一般都是利用反射点位于震源与接收点之中点的正下方这个事实来设计震源与接收点位置，使中点分布于一定的面积之内。

2. 数据处理

数据处理的任务是加工处理野外观测所得地震原始资料，将地震数据变成地质语言——地震剖面图或构造图。经过分析解释，确定地下岩层的产状和构造关系，找出有利的含油气地区。还可与测井资料、钻井资料综合进行解释，进行储集层描述，预测油气及划定油水分界。

削弱干扰、提高信噪比和分辨率是地震数据处理的重要目的。根据所需要的反射与不需要的干扰在波形上的不同与差异进行鉴别，可以削弱干扰。震源波形已知时，信号校正处理可以校正波形的变化，以利于反射的追踪与识别。对高次覆盖记录提供的重复信息进行叠加处理以及速度滤波处理，可以削弱许多类型的相干波列和随机干扰。预测反褶积和共深度点叠加，可消除或减弱多次反射波。统计性反褶积处理有助于消除浅层混响，并使反射波频带展宽，使地震子波压缩，有利于分辨率的提高。

地震数据处理的另一重要目的是实现正确的空间归位。各种类型的波动方程地震偏移处理是构造解释的重要工具，有助于提供复杂构造地区的正确地震图像。

地震数据处理需进行大数据量运算，现代的地震数据处理中心由高速电子数字计算机及其相应的外围设备组成。常规地震数据处理程序是复杂的软件系统。

3. 资料解释

资料解释包括地震构造解释、地震地层解释及地震烃类解释或地震地质解释。

地震构造解释以水平叠加时间剖面和偏移时间剖面为主要资料，分析剖面上各种波的特征，确定反射标准层层位和对比追踪，解释时间剖面所反映的各种地质构造现象，构制反射地震标准层构造图。

地震地层解释以时间剖面为主要资料，或是进行区域性地层研究，或是进行局部构造的岩性岩相变化分析。划分地震层序是地震地层解释的基础，据此进行地震层序之沉积特征及地质时代的研究，然后进行地震相分析，将地震相转换为沉积相，绘制地震相平面图，划分出含油气的有利相带。

地震烃类解释利用反射振幅、速度及频率等信息，对含油气有利地区进行烃类指标分析。通常需综合运用钻井资料与测井资料进行标定分析与模拟解释，对地震异常作定性与定量分析，进一步识别烃类指示的性质，进行储集层描述，估算油气层厚度及分布范围等。

（五）勘探方法

勘探方法包括反射法、折射法和地震测井（见钻孔地球物理勘探）。三种方法在陆地和海洋均可应用。

研究很浅或很深的界面、寻找特殊的高速地层时，折射法比反射法有效。但应用折射法必须满足下层波速大于上层波速的特定要求，故折射法的应用范围受到限制。应用反射法只要求岩层波阻抗有所变化，易于得到满足，因而地震勘探中广泛采用的是反射法。

1. 反射法

利用反射波的波形记录的地震勘探方法。地震波在其传播过程中遇到介质性质不同的岩层界面时，一部分能量被反射，一部分能量透过界面而继续传播。

在垂直入射情形下有反射波的强度受反射系数影响，在噪声背景相当强的条件下，通常只有具有较大反射系数的反射界面才能被检测识别。地下每个波阻抗变化的界面，如地层面、不整合面（见不整合）、断层面（见断层）等都可产生反射波。在地表面接收来自不同界面的反射波，可详细查明地下岩层的分层结构及其几何形态。

反射波的到达时间与反射面的深度有关，据此可查明地层埋藏深度及其起伏。随着检波点至震源距离（炮检距）的增大，同一界面的反射波走时按双曲线关系变化，据此可确定反射面以上介质的平均速度。反射波振幅与反射系数有关，据此可推算地下波阻抗的变化，进而对地层岩性做出预测。

反射法勘探采用的最大炮检距一般不超过最深目的层的深度。除记录到反射波信号之外，常可记录到沿地表传播的面波、浅层折射波以及各种杂乱振动波。这些与目的层无关的波对反射波信号形成干扰，称为噪声。使噪声衰减的主要方法是采用组合检波，即用多个检波器的组合代替单个检波器，有时还需用组合震源代替单个震源。

据处理中采取进一步的措施。反射波在返回地面的过程中遇到界面再度反射，因而在地面可记录到经过多次反射的地震波。如地层中具有较大反射系数的界面，可能产生较强振幅的多次反射波，形成干扰。

反射法观测广泛采用多次覆盖技术。连续地相应改变震源与检波点在排列中所在位置，在水平界面情形下，可使地震波总在同一反射点被反射返回地面，反射点在炮检距中心点的正下方。具有共同中央凹反射点的相应各记录道组成共中心点道集，它是地震数据处理时所采用的基本道集形式，称为 CDP 道集。多次覆盖技术具有很大的灵活性，除 CDP 道集之外，视数据处理或解释之需要，还可采用具有共同检波点的共检波点道集、具有共同炮点的共炮点道集、具有相同炮检距的共炮检距道集等不同的道集形式。采用多次覆盖技术的好处之一就是可以削弱这类多次波干扰，同时尚需采用特殊的地震数据处理方法使多次反射进一步削弱。

反射法可利用纵波反射和横波反射。岩石孔隙含有不同流体成分，岩层的纵波速度便不相同，从而使纵波反射系数发生变化。当所含流体为气体时，岩层的纵波速度显著减小，含气层顶面与底面的反射系数绝对值往往很大，形成局部的振幅异常，这是出现“亮点”的物理基础。横波速度与岩层孔隙所含流体无关，流体性质变化时，横波振幅并不发生相应变化。但当岩石本身性质出现横向变化时，则纵波与横波反射振幅均出现相应变化。因而，联合应用纵波与横波，可对振幅变化的原因做出可靠判断，进而做出可靠的地质解释。

地层的特征是否可被观察到，取决于与地震波波长相比它们的大小。地震波波速一般随深度增加而增大，高频成分随深度增加而迅速衰减，从而频率变低，因此波长一般随深度增加而增大。波长限制了地震分辨能力，深层特征必须比浅层特征大许多，才能产生类似的地震显示。如各反射界面彼此十分靠近，则相邻界面的反射往往合成一个波组，反射信号不易分辨，需采用特殊数据处理方法来提高分辨率。

2. 折射法

利用折射波（又称明特罗普波或首波）的地震勘探方法。地层的地震波速度如大于上面覆盖层的波速，则二者的界面可形成折射面。以临界角入射的波沿界面滑行，沿该折射面滑行的波离开界面又回到原介质或地面，这种波称为折射波。折射波的到达时间与折射面的深度有关，折射波的时距曲线（折射波到达时间与炮检距的关系曲线）接近于直线，其斜率决定于折射层的波速。

震源附近某个范围内接收不到折射波，称为盲区。折射波的炮检距往往是折射面深度的几倍，折射面深度很大时，炮检距可长达几十千米。

3. 地震测井

直接测定地震波速度的方法。震源位于井口附近，检波器沉放于钻孔内，据此测量井深及时间差，计算出地层平均速度及某一深度区间的层速度。由地震测井获得的速度数据可用于反射法或折射法的数据处理与解释。在地震测井的条件下亦可记录反射波，这类工作方法称为垂直地震剖面（VSP）测量，这种工作方法不仅可准确测定速度数据，且可详查钻孔附近的地质构造情况。

六、地质雷达

又称探地雷达法，借助发射天线定向发射的高频（10 ~ 1 000 MHz）短脉冲电磁波在地下传播，检测被地下地质体反射回来的信号或透射通过地质体的信号来探测地质目标的交流电法勘探方法。其工作原理类似于地震勘探法，也是基于研究波在地下的传播时间、传播速度与动力学特征。

（一）工作原理

雷达仪产生的高频窄脉冲电磁波通过天线定向往大地发射，其在大地中的传播速度和衰减率取决于岩石的介电性和导电性，且对岩石类型的变化和裂隙含水情况非常敏感，在传播过程中，一旦遇到岩石导电特性变化，就可能使部分透射波反射。接收机检测反射信号或直接透射信号，将其放大并数字化，存储在数字磁带记录器上，以备数据处理和显示。

地质雷达系统一般在 10 ~ 1 000 MHz 频率范围内工作。当传导介质的电导率小于 100 mS/m 时，传播速度基本上保持常数，信号不会弥散。

地质雷达具有足够的穿透力和分辨能力。电磁波穿透深度主要取决于电磁波的频率、能量大小以及传导介质的导电特性。随着岩石含水量增大，电导率增高，雷达波的衰减率会增大。湿煤中的衰减率就比干煤的大。随着电磁波频率的增高，其穿透深度将减小；但降低频率或增大波长 λ，分辨率又会随之降低。为了能将探测目标与背景区分开，目标的大小应与波长成正比，最好为 $\lambda/4$。分辨能力还取决于岩体内隐藏目标的种类和大小及其导电特性。岩体与目标之间的导电特性差异越大，则越易发现目标。

据在许多地质环境中使用的经验表明，中心频率约为 100 MHz 的雷达系统兼顾了测距、分辨率和系统轻便性这三个因素，效果较好。

（二）地质雷达仪

地质雷达法用来进行野外观测的专用仪器，一般包括发射天线和发射机，接收天线和接收机，以及内装微处理机或直接用便携式微机的控制部件。发射机将直流电源供给的直流电转换为高频、窄脉冲的交流信号，通过发射天线向被探测介质定向发射固定频率的电磁波。接收天线接收回波信号后输入到接收机，经放大并转换为数字信号后传输到控制部件进行叠加、计算、存储，由液晶显示器实时显示断面图像，并可打印、拷贝。观测数据可存储在软盘上，也可通过机内标准接口传输到外接计算机进行更详细的数据处理、彩色显示和绘制彩色断面图。为了同时进行不同深度的探测，提高施工效率，可以用一台发射机或多台接收机同时观测。最新仪器都配置多种频率的发射和接收天线，可根据不同地质任务和施工条件选用或作几种频率观测，取得更多的地质信息。

地质雷达按使用场合不同可分为空中地质雷达（又称机载地质雷达）、地面地质雷达、矿井地质雷达和钻孔地质雷达。其中，机载雷达是装在飞机上的地质雷达的总称，主要有侧视雷达、前视雷达、平面位置显示器雷达等，它具有快速覆盖和全天候工作的优点，主要用于测绘地形、地面岩性识别、判别地质构造特征等。煤炭工业部门常用的是地面地质雷达、矿井地质雷达和钻孔地质雷达。

地面地质雷达在地面进行观测，是地质雷达中使用最多的一种方法。它用发射机和发射天线向地下发射高频电磁波，电磁波在地下土层、岩层中有明显电性差异的界面上反射，在地面用接收机和接收天线接收回波信号，并对其进行计算处理、解释、成图，得到地下地质结构的显示图像和深度资料。地面地质雷达测线、测点布置灵活，可根据需要布设成规则网状、不规则网状或任意单条剖面。既可逐点观测，也可沿剖面连续观测。

矿井地质雷达具有防爆功能。在矿井巷道中进行观测。可以对巷道下方、上方、两侧及前方进行探测。向下方探测时，工作方法与地面观测相同。巷道有支架支护时，向上和向两侧探测的天线要特殊设置。向采掘前方探测是在巷道揭露的煤层或岩石断面上垂直布设发射天线和接收天线，可探测采掘前方的断层、岩溶及其他异常体。矿井中的干扰因素（各种电缆、金属物等）较多，现场观测时要尽可能避开或减少干扰源的影响，以提高信噪比。资料解释要正确区分有效信号和干扰信号，以保证地质解释结果的可靠性。

矿井地质雷达在煤矿区一般用于探测厚煤层采后的剩余厚度，煤层下面的石灰岩层或其他需要探测岩层的深度、喀斯特发育情况，巷道或工作面前方的小断层、老窑水、喀斯特陷落柱、火成岩岩墙、煤层夹矸和其他地质异常体。

钻孔地质雷达把发射及接收装置放入钻孔中进行观测，有单孔测量和跨孔测量两种方式。①单孔测量。把发射和接收装置放于同一钻孔中，两者的间距保持不变，沿钻孔剖面进行测量。电磁波向钻孔壁介质发射，遇有电性差异的界面反射回来被接收，即可发现钻孔未揭露到的周围介质中的断层、破碎带、喀斯特、金属矿体等，并确定其距钻孔的位置、延伸方向。②跨孔测量。把发射装置和接收装置分别放入相邻两个钻孔中（也可采用一孔发射、多孔接收方式），雷达脉冲从发射钻孔传输到接收钻孔，通过对透射波传播速度、振幅等的分析，以及对反射波的分析，可以了解两个钻孔之间介质的地质结构和地质异常体的情况。跨孔地质雷达的工作方法与钻孔无线电波透视法相似。

（三）作用

地质雷达可用来划分地层、查明断层破碎带、滑坡面、岩溶、土洞、地下硐室和地下管线，也可用于水文地质调查。由于地质雷达在电阻率小于 100 Ω·m 的覆盖层地区，探测深度小于 3 m，严重阻碍了地质雷达的应用。因此，在低电阻率区如何加大探测深度，仍是一个研究课题。20 世纪 80 年代末，还主要用于高电阻率的基岩地区、钻孔和坑道中。

第七章　现场检验和监测

第一节　概　述

现场检验与监测是指在工程施工和使用期间进行的一些必要的检验与监测，是岩土工程勘察的一个重要环节。其目的在于保证工程的质量和安全，提高工程效益。常见的有地基基础的检验与监测，不良地质作用和地质灾害的监测，地下水的监测等。对有特殊要求的工程，应根据工程的特点，确定必要的项目，在使用期内继续进行监测。现场检验是指在施工阶段对勘察成果的验证核查和施工质量的监控。因此，检验工作应包括两个方面：第一，验证核查岩土工程勘察成果与评价建议；第二，对岩土工程施工质量的控制与检验。现场监测是指在工程勘察、施工以及运营期间，对工程有影响的不良地质现象、岩土体性状和地下水进行监测。监测主要包含三方面的内容：第一，施工和各类荷载作用下岩土体反映性状的监测；第二，对施工和运营过程中结构物的监测；第三，对环境条件的监测。

现场检验和监测应做好记录，并进行整理和分析，提交报告。现场检验和监测的一般规定有：

（1）现场检验和监测应在工程施工期间进行。对有特殊要求的工程，应根据工程特点，确定必要的项目，在使用期内继续进行。

（2）现场检验和监测的记录、数据和图件，应保持完整，并应按工程要求整理分析。

（3）现场检验和监测资料，应及时向有关部门报送。当监测数据接近危及工程的临界值时，必须加密监测，并及时报告。

（4）现场检验和监测完成后，应提交成果报告。报告中应附有相关曲线和图纸，并进行分析评价，提出建议。

通过现场检验与监测所获得的数据，可以预测一些不良地质现象的发展演化趋势及其对工程建筑物的可能危害，以便采取防治对策和措施；也可以通过“足尺试验”进行反分析，求取岩土体的某些工程参数，以此为依据及时修正勘察成果，优化工程设计，必要时应进行补充勘察；它对岩土工程施工质量进行监控，以保证工程的质量和安全。显然，现场检验与监测在提高工程的经济效益、社会效益和环境效益中，起着十分重要的作用。

第二节　地基基础的检验和监测

一、天然地基的基槽检验和监测

（一）验槽和基底土的处理

天然地基的基坑（基槽）开挖后，应检验开挖揭露的地基条件是否与勘察报告一致。如有异常情况，应提出处理措施或修改设计的建议。当与勘察报告出入较大时，应建议进行施工勘察。

检验应包括下列内容：①岩土分布及其性质；②地下水情况；③对土质地基，可采用轻型圆锥动力触探或其他机具进行检验。

验槽是勘察工作中的一个必不可少的环节。天然地基的基坑（槽）开挖后，由建设、勘察、设计、施工、监理五方主体单位技术负责人共同到施工现场进行验槽。

（二）验槽的要求

（1）核对基槽施工位置、平面尺寸、基础埋深和槽底标高是否满足设计要求；

（2）槽底基础范围内若遇异常情况时，应结合具体地质、地形地貌条件提出处理措施。必要时可在槽底进行轻便钎探。当施工揭露的地基土条件与勘察报告有较大出入时，可有针对性地进行补充勘察。

（3）验槽后应写出检验报告，内容包括：岩土描述、槽底土质平面分布图、基槽处理竣工图、现场测试记录地检验报告。验槽报告是岩土工程的重要技术档案，应做到资料齐全、计时归档。

（三）验槽的方法

验槽方法是以肉眼观察或使用袖珍贯入仪等简易方法为主，以夯、拍或轻便勘探为辅的检验方法。

（1）观察验槽：应重点注意柱基、墙角、承重墙下受力较大的部位。仔细观察基底土的结构、孔隙、湿度、包含物等，并与勘察资料对比，确定是否已挖到设计土层。对可疑之处应局部下挖检查。

（2）夯、拍验槽：是用木槌、蛙式打夯机或其他施工机具对干燥的基底进行夯、拍（对潮湿和软土不宜），从夯、拍声音上判断土中是否存在空洞或墓穴。对可疑迹象应进一步采用轻便勘探仪查明。

（3）轻便勘探验槽：是用钎探、轻便动力触探、手持式螺旋钻、洛阳铲等对地基主要持力层范围内的土层进行勘探，或对上述观察、夯、拍发现的异常情况进行探查。

①钎探：采用钢钎（用 Φ22~25 的钢筋做成，钎尖成 60° 锥尖，钎长 1.8~2.0 m）用 3.63~4.54 kg 的锤打入土中，进行钎探，根据每打入土中 30 cm 所需的锤击数，判断地基土好坏和是否均匀一致。钎探孔一般在坑底按梅花形或行列式布置，孔距为 1 ~ 2 m。钎探完毕后，对钎探孔应灌砂处理，并应全

面分析钎探记录，进行统计分析。如发现基底土质与原设计不符或有其他异常时，应及时处理。

（2）手持螺旋钻：它是小型的螺旋钻具，钻头呈螺旋形，上接一T形把手，由人力旋入土中，钻杆可接长，钻探深度一般为6 m，软土中可达10 m，孔径约70 mm。每钻入土中300 mm后将钻竖直拔出，根据附在钻头上的土了解土层情况。

坑底如发现有泉眼涌水，应立即堵塞（如用短木棒塞住泉眼）或排水加以处理，不得任其浸泡基坑。

对需要处理的墓穴、松土坑等，应将坑中虚土挖除到坑底和四周都见到老土为止，而后用与老土压缩性相近的材料回填；在处理暗浜等时，先把浜内淤泥杂物清除干净，而后用石块或砂土分层夯填。如浜较深，则底层用块石填平，然后再用卵石或砂土分层夯实。基底土处理妥善后，进行基底抄平，做好垫层，再次抄平，并弹出基础墨线，以便砌筑基础。

（二）基坑的现场监测

当基坑开挖较深，或地基土较软弱时，可根据工程需要布置监测工作。实施监测工作之前，应编制基坑工程监测方案。基坑工程监测方案，应根据场地条件和开挖支护的施工设计确定，并应包括的内容有：①支护结构的变形；②基坑周边的地面变形；③邻近工程和地下设施的变形；④地下水位；⑤渗漏、冒水、冲刷、管涌等情况。

现场监测的内容有：基坑底部回弹监测、建筑物沉降监测、地下水控制措施的效果及影响的监测、基坑支护系统工作状态的监测等。下面仅讨论基坑底部回弹监测问题，其他监测内容将在以后各节中分别阐述。高层建筑在采用箱形基础时，基坑开挖面积大而深，基坑底部土层将会产生卸荷回弹。

回弹后的再压缩量一般占建筑物竣工时总沉降量的30%~ 70%，最大达1倍以上；地基土越坚硬，则回弹所占比例越大。说明基坑回弹不可忽视，应予监测，并将实际沉降量减去回弹量，才是地基土真正的沉降量。除卸荷回弹外，基坑暴露期间，土中黏土矿物吸水膨胀、基坑开挖接近临界深度导致土体产生剪切位移以及基坑底部存在承压水时，都会引起基坑底部隆起，观测时应予注意。基底回弹监测在基坑开挖后立即进行，在基坑不同位置设置固定测点用水准仪观测，且继续进行建筑物施工过程中以至竣工后的沉降监测，最终绘制基底回弹、沉降与卸荷、加载关系曲线。

二、桩基工程的检验和监测

对于桩基工程，在桩孔开挖至持力层后，应采用试钻或钎探的方法检验桩端持力层是否与岩土勘察报告相一致。如果基底与勘察报告不符，应提出处理措施或修改设计。当与勘察报告差异较大时，应建议进行施工勘察。单桩承载力的检验，应采用载荷试验与动测相结合的方法。对于大直径挖孔桩、人工成孔大口径灌注桩基础，应逐桩检验孔底尺寸和岩土情况，应逐根检查桩底尺寸是否与设计相符合，桩底岩土情况是否符合勘察资料，桩端进入持力层深度是否达到设计要求，桩底沉渣是否清理干净等。当地下水位较高时，应监测水位的变化情况，当水量较大时应采取相应措施以防塌孔。

三、地基处理效果的检验和监测

地基土的强度和变形不能满足设计和使用要求时，需要对地基土采取地基处理措施。地基处理的方案和方法较多，各自有其适用条件。为保证地基处理方案的适宜性、使用材料和施工质量以及处理效果，按照《建筑地基处理技术规范》规定，应做现场检验与监测。

现场检验的内容包括：

（1）地基处理方案的适用性，必要时应预先进行一定规模的试验性施工；

（2）换填或加固材料的质量；

（3）施工机械性能、影响范围和深度；

（4）对施工速度、进度、顺序、工序搭接的控制；

（5）按规范要求对施工质量的控制；

（6）按计划在不同期间和部位对处理效果的检验；

（7）停工及周围环境变化对施工效果的影响。

现场监测的内容包括：

（1）施工时土体性状的改变，如地面沉降、土体变形监测等；

（2）采用原位试验、取样试验等方法，进行地基处理后地基前后性状比较和处理效果的监测；

（3）施工噪声和环境的监测；

（4）必要时做处理后地基长期效果的监测。

四、基坑工程的监测

（一）一般规定

（1）监测方法的选择应根据基坑等级、精度要求、设计要求、场地条件、地区经验和方法适用性等因素综合确定，监测方法应合理易行。

（2）变形测量点分为基准点、工作基点和变形监测点。其布设应符合下列要求：

①每个基坑工程至少应有 3 个稳固可靠的点作为基准点。

②工作基点应选在稳定的位置。在通视条件良好或观测项目较少的情况下，可不设工作基点，在基准点上直接测定变形监测点。

③施工期间，应采用有效措施，确保基准点和工作基点的正常使用。

④监测期间，应定期检查工作基点的稳定性。

（3）监测仪器、设备和监测元件应符合下列要求：

（1）满足观测精度和量程的要求。

（2）具有良好的稳定性和可靠性。

（3）经过校准或标定，且校核记录和标定资料齐全，并在规定的校准有效期内。

（4）对同一监测项目，监测时宜符合下列要求。

①采用相同的观测路线和观测方法；

②使用同一监测仪器和设备；

③固定观测人员；

④在基本相同的环境和条件下工作。

（5）监测过程中应加强对监测仪器设备的维护保养、定期检测以及监测元件的检查；应加强对监测仪标的保护，防止损坏。

（6）监测项目初始值应为事前至少连续观测 3 次的稳定值的平均值。

（7）除使用本规范规定的各种基坑工程监测方法外，亦可采用能达到本规范规定精度要求的其他方法。

（二）水平位移监测

（1）测定特定方向上的水平位移时可采用视准线法、小角度法、投点法等；测定监测点任意方向的水平位移时可视监测点的分布情况，采用前方交会法、自由设站法、极坐标法等；当基准点距基坑较远时，可采用 GPS 测量法或三角、三边、边角测量与基准线法相结合的综合测量方法。

（2）水平位移监测基准点应埋设在基坑开挖深度 3 倍范围以外不受施工影响的稳定区域，或利用已有稳定的施工控制点，不应埋设在低洼积水、湿陷、冻胀、胀缩等影响范围内；基准点的埋设应按有关测量规范、规程执行。宜设置有强制对中的观测墩；采用精密的光学对中装置，对中误差不宜大于 0.5 mm。

（3）地下管线的水平位移监测精度宜不低于 1.5 mm。

（4）其他基坑周边环境（如地下设施、道路等）的水平位移监测精度应符合相关规范、规程等的规定。

（三）竖向位移监测

（1）竖向位移监测可采用几何水准或液体静力水准等方法。

（2）坑底隆起（回弹）宜通过设置回弹监测标，采用几何水准并配合传递高程的辅助设备进行监测，传递高程的金属杆或钢尺等应进行温度、尺长和拉力等项修正。

（3）地下管线的竖向位移监测精度宜不低于 0.5 mm。

（4）其他基坑周边环境（如地下设施、道路等）的竖向位移监测精度应符合相关规范、规程的规定。

（5）坑底隆起（回弹）监测精度不宜低于 1 mm。

（6）各监测点与水准基准点或工作基点应组成闭合环路或附合水准路线。

（四）深层水平位移监测

（1）围护墙体或坑周土体的深层水平位移的监测宜采用在墙体或土体中预埋测斜管、通过测斜仪观测各深度处水平位移的方法。

（2）测斜仪的系统精度不宜低于 0.25 mm/m，分辨率不宜低于 0.02 mm/500 mm

（3）测斜管应在基坑开挖 1 周前埋设，埋设时应符合下列要求。

①埋设前应检查测斜管质量，测斜管连接时应保证上、下管段的导槽相互对准顺畅，接头处应密封处理，并注意保证管口的封盖。

②测斜管长度应与围护墙深度一致或不小于所监测土层的深度；当以下部管端作为位移基准点时，应保证测斜管进入稳定土层 2~3 m；测斜管与钻孔之间孔隙应填充密实。

③埋设时测斜管应保持竖直无扭转，其中一组导槽方向应与所需测量的方向一致。

（4）测斜仪应下入测斜管底 5~10 min，待探头接近管内温度后再量测，每个监测方向均应进行正、反两次量测。

（5）当以上部管口作为深层水平位移的起算点时，每次监测均应测定管口坐标的变化并修正。

（五）倾斜监测

（1）建筑物倾斜监测应测定监测对象顶部相对于底部的水平位移与高差，分别记录并计算监测对象的倾斜度、倾斜方向和倾斜速率。

（2）应根据不同的现场观测条件和要求，选用投点法、水平角法、前方交会法、正垂线法、差异沉降法等。

（3）建筑物倾斜监测精度应符合《工程测量规范》及《建筑变形测量规程》的有关规定。

（六）裂缝监测

（1）裂缝监测应包括裂缝的位置、走向、长度、宽度及变化程度，需要时还包括深度。裂缝监测数量根据需要确定，主要或变化较大的裂缝应进行监测。

（2）裂缝监测可采用以下方法：

①对裂缝宽度监测，可在裂缝两侧贴石膏饼、画平行线或贴埋金属标志等，采用千分尺或游标卡尺等直接量测的方法；也可采用裂缝计、粘贴安装千分表法、摄影量测等方法。

②对裂缝深度量测，当裂缝深度较小时宜采用凿出法和单面接触超声波法监测；深度较大裂缝宜采用超声波法监测。

（3）应在基坑开挖前记录监测对象已有裂缝的分布位置和数量，测定其走向、长度、宽度和深度等情况，标志应具有可供量测的明晰端面或中心。

（4）裂缝宽度监测精度不宜低于 0.1 mm，长度和深度监测精度不宜低于 1 mm。

（七）支护结构内力监测

（1）基坑开挖过程中支护结构内力变化可通过在结构内部或表面安装应变计或应力计进行量测。

（2）对于钢筋混凝土支撑，宜采用钢筋应力计（钢筋计）或混凝土应变计进行量测；对于钢结构支撑，宜采用轴力计进行量测。

（3）围护墙、桩及围檩等内力宜在围护墙、桩钢筋制作时，在主筋上焊接钢筋应力计的预埋方法进行量测。

（4）支护结构内力监测值应考虑温度变化的影响，对钢筋混凝土支撑尚应考虑混凝土收缩、徐变以及裂缝开展的影响。

（5）应力计或应变计的量程宜为最大设计值的 1.2 倍，分辨率不宜低于 0.2%F·S，精度不宜低于 0.5%F·S。

（6）围护墙、桩及围檩等的内力监测元件宜在相应工序施工时埋设并在开挖前取得稳定初始值。

（八）土压力监测

（1）土压力宜采用土压力计量测。

（2）土压力计的量程应满足被测压力的要求，其上限可取最大设计压力的 1.2 倍，精度不宜低于 0.5%F·S，分辨率不宜低于 0.2%F·S。

（3）土压力计埋设可采用埋入式或边界式（接触式）。埋设时应符合下列要求：

①受力面与所需监测的压力方向垂直并紧贴被监测对象；

②埋设过程中应有土压力膜保护措施；

③采用钻孔法埋设时，回填应均匀密实，且回填材料宜与周围岩土体一致。

④做好完整的埋设记录。

（4）土压力计埋设以后应立即进行检查测试，基坑开挖前至少经过 1 周时间的监测并取得稳定初始值。

（九）孔隙水压力监测

（1）孔隙水压力宜通过埋设钢弦式、应变式等孔隙水压力计，采用频率计或应变计量测。

（2）孔隙水压力计应满足以下要求：量程应满足被测压力范围的要求，可取静水压力与超孔隙水压力之和的 1.2 倍；精度不宜低于 0.5%F·S，分辨率不宜低于 0.2%F·S。

（3）孔隙水压力计埋设可采用压入法、钻孔法等。

（4）孔隙水压力计应在事前 2~3 周埋设，埋设前应符合下列要求：

①孔隙水压力计应浸泡饱和，排除透水石中的气泡；

②检查率定资料，记录探头编号，测读初始读数。

（5）采用钻孔法埋设孔隙水压力计时，钻孔直径宜为 110~130 mm，不宜使用泥浆护壁成孔，钻孔应圆直、干净；封口材料宜采用直径 10~20 mm 的干燥膨润土球。

（6）孔隙水压力计埋设后应测量初始值，且宜逐日量测 1 周以上并取得稳定初始值。

（7）应在孔隙水压力监测的同时测量孔隙水压力计埋设位置附近的地下水位。

（十）地下水位监测

（1）地下水位监测宜采通过孔内设置水位管，采用水位计等方法进行测量。

（2）地下水位监测精度不宜低于 10 mm。

（3）检验降水效果的水位观测井宜布置在降水区内，采用轻型井点管降水时可布置在总管的两侧，采用深井降水时应布置在两孔深井之间，水位孔深度宜在最低设计水位下 2~3 m。

（4）潜水水位管应在基坑施工前埋设，滤管长度应满足测量要求；承压水位监测时被测含水层与其他含水层之间应采取有效的隔水措施。

（5）水位管埋设后，应逐日连续观测水位并取得稳定初始值。

（十一）锚杆拉力监测

（1）锚杆拉力量测宜采用专用的锚杆测力计，钢筋锚杆可采用钢筋应力计或应变计，当使用钢筋束时应分别监测每根钢筋的受力。

（2）锚杆轴力计、钢筋应力计和应变计的量程宜为设计最大拉力值的 1.2 倍，量测精度不宜低于 0.5%F·S，分辨率不宜低于 0.2%F·S。

（3）应力计或应变计应在锚杆锁定前获得稳定初始值。

（十二）坑外土体分层竖向位移监测

（1）坑外土体分层竖向位移可通过埋设分层沉降磁环或深层沉降标，采用分层沉降仪结合水准测量方法进行量测。

（2）分层竖向位移标应在事前埋设。沉降磁环可通过钻孔和分层沉降管进行定位埋设。

（3）土体分层竖向位移的初始值应在分层竖向位移标埋设稳定后进行，稳定时间不应少于 1 周并获得稳定的初始值；监测精度不宜低于 1 mm。

（4）每次测量应重复进行 2 次，2 次误差值不大于 1 mm。

（5）采用分层沉降仪法监测时，每次监测应测定管口高程，根据管口高程换算出测管内各监测点的高程。

五、建筑物的沉降观测

对于重要的建筑物及建造在软弱地基上的建筑物必须进行沉降观测，下列工程应进行沉降观测。

（1）地基基础设计等级为甲级的建筑物；

（2）不均匀地基或软弱地基上的乙级建筑物；

（3）加层、接建、邻近开挖、堆载等，使地基应力发生显著变化的工程；

（4）因抽水等原因，地下水位发生急剧变化的工程；

（5）其他有关规范规定需要做沉降观测的工程。

观测沉降主要控制地基的沉降量和沉降速率。在软土地基上对于活荷载较小的建筑物，竣工时的沉降速率为 0.5 ~ 1.1 mm/d，在竣工后半年到一年的时间内，不均匀沉降发展最快。在正常情况下，沉降速率逐渐减慢，如沉降速率减少到 0.05 mm/d 以下时，可认为沉降速率趋于稳定，这种沉降称为减速沉降。如出现等速沉降，就有导致地基丧失稳定的危险。

当出现加速沉降时，表明地基已丧失稳定，应及时采取措施，防止发生工程事故。沉降观测使用的观测设备为水准仪，观测时首先要设置好水准基点，其位置必须稳定可靠，妥善保护。埋设地点宜靠近观测对象，但必须在建筑物所产生的压力影响范围以外。在一个观测区内，水准基点不得少于 3 个。埋置深度宜于建筑物基础的埋深相适应。其次是设置好建筑物上的沉降观测点，沉降观测点位置由设计人员确定，一般设置在室外地面以上，外墙（柱）身的转角及重要部位，数量不宜少于 6 点。为取得较完整的资料，要求在灌筑基础时就开始施测。施工期的观测根据施工进度确定，如民用建筑每施工完一层（包括地下室部分）应观测一次，工业建筑按不同荷载阶段分次观测，施工期间的观测次数不应少于 4 次，建筑物竣工后的观测，第一年不应少于 3 次，第二年不少于 2 次，以后每年 1 次，直到下沉稳定为止。沉降稳定标准可采用半年沉降量不超过 2 mm。遇地下水升降、打桩、地震、洪水淹没现场等情况，应及时观测。对于突然发生严重裂缝或大量沉降等情况时，应增加观测次数。沉降观测后应及时整理好资料，算出各点的沉降量、累计沉降量及沉降速率，以便及时、及早处理出现的地基问题。

第三节　岩土体性状及不良地质作用和地质灾害的监测

一、岩土体性质与状态的监测

岩土体的性质和状态的现场监测，可以归纳为岩土体变形观测和岩土体内部应力的观测两大方面。工程需要时可进行岩土体的监测内容有：①洞室或岩石边坡的收敛量测；②深基坑开挖的回弹量测；③土压力或岩体应力量测等。岩土体性状监测主要应用于像滑坡、崩塌变形监测、洞室围岩变形监测、地面沉降、采空区塌陷监测以及各类建筑工程在施工、运营期间的监测和对环境的监测等。

（一）岩土体的变形观测

岩土体的变形分为地面位移变形、洞壁位移变形和岩土体内部位移变形几种。

1. 地面位移变形

地面位移变形主要采用：

（1）经纬仪、水准仪或光电测距仪重复观测各测点的方向和水平、铅直距离的变化，以此来判定地面位移矢量随时间变化的情况。测点可根据具体的条件和要求布置成不同形式的观测线、网，一般在条件比较复杂和位移较大的部位应适当加密。

（2）对规模较大的地面变形还可采用航空摄影或全球卫星定位系统来进行监测。

（3）也可采用伸缩仪和倾斜计等简易方法进行监测。

（4）更简易的方法可以采用钢尺或皮尺观测测点的变化，或用贴纸条的方法了解裂缝地张开情况。监测结果应整理成位移随时间变化的关系曲线，以此来分析位移的变化和趋势。

2. 洞壁位移变形

洞壁岩体表面两点间的距离改变量的量测是通过收敛量测来实现的，它被用于了解洞壁间的相对变形和边坡上张裂缝的发展变化，据此对工程稳定性趋势做出评价和对破坏的时间做出预报。测量的方法可采用专门的收敛计进行，简易的可用钢卷尺直接量测。收敛计可分为垂直方向、水平方向及倾斜方向的几种，分别用于测量垂直、水平及倾斜方向的变形。

3. 岩土体内部位移变形

准确的测定岩土体内部位移变化，目前常用的方法有管式应变计、倾斜计和位移计等，它们皆要借助于钻孔进行监测。管式应变计是在聚氯乙烯管上隔一定距离贴上电阻应变片，随后将其埋植于钻孔中，用于测量由于岩土体内部位移而引起的管子的变形。倾斜计是一种量测钻孔弯曲的装置，它是把传感器固定在钻孔不同的位置上，用以测量预定程度的变形，从而了解不同深度岩土体的变形情况。位移计是一种靠测量金属线伸长来确定岩土体变形的装置，一般采用多层位移计量测，将金属线固定于不同层位的岩土体上，末端固定于深部不动体上，用以测量不同深度岩土体随时间的位移变形。

（二）岩土体内部的应力观测

岩土体的应力监测是借助于压力传感器装置来实现的，一般将压力传感器埋设在结构物与岩土体的接触面上或预埋在岩土体中。目前，国内外采用的压力传感器多为压力盒，有液压式、气压式、钢弦式和电阻应变式等不同形式和规格的产品，以后两种较为常用。由于压力观测是在施工和运营期间进行的，互有干扰，所以务必注意量测装置不被破坏。为了保证量测数据的可靠性，压力盒应有足够的强度和耐久性，加压、减压线形良好，能适应温度和环境变化而保持稳定。埋设时应避免对岩土体的扰动，回填土的性状应与周围土体一致。通过定时观测，便可获得岩土压力随时间的变化资料。

二、不良地质作用和地质灾害的监测

工程建设过程中，由于受到各种内、外因素的影响，如滑坡、崩塌、泥石流、岩溶等，这些不良地质作用及其所带来的地质灾害都会直接影响到工程的安全乃至人民生命财产的安全。因此在现阶段的工程建设中对上述不良地质作用和地质灾害的监测已经是不可缺少的工作。

（一）监测的目的

不良地质作用和地质灾害监测的目的如下。一是正确判定、评价已有不良地质作用和地质灾害的危害性，监视其对环境、建筑物和对人民财产的影响，对灾害的发生进行预报。二是为防治灾害提供科学依据。三是预测灾害发生发展趋势和检验整治后的效果，为今后的防治、预测提供经验教训。

（二）监测的内容

根据不同的不良地质作用和地质灾害的情况，我国做出如下规定：

（1）应进行不良地质作用和地质灾害监测的情况如下。

①场地及其附近有不良地质作用或地质灾害，并可能危及工程的安全或正常使用时；

②工程建设和运行，可能加速不良地质作用的发展或引发地质灾害时；

③工程建设和运行，对附近环境可能产生显著不良影响时。

（2）岩溶土洞发育区应着重监测的内容如下。

①地面变形；

②地下水位的动态变化；

③场区及其附近的抽水情况；

④地下水位变化对土洞发育和塌陷发生的影响。

（3）滑坡监测应包括下列内容。

①滑坡体的位移；

②滑面位置及错动；

③滑坡裂缝的发生和发展；

④滑坡体内外地下水位、流向、泉水流量和滑带孔隙水压力；

⑤支挡结构及其他工程设施的位移、变形、裂缝的发生和发展。

（4）当需判定崩塌剥离体或危岩的稳定性时，应对张裂缝进行监测。对可能造成较大危害的崩塌，应进行系统监测，并根据监测结果，对可能发生崩塌的时间、规模、塌落方向和途径、影响范围等做出预报。

（5）对现采空区，应进行地表移动和建筑物变形的观测，并应符合：

①观测线宜平行和垂直矿层走向布置，其长度应超过移动盆地的范围；

②观测点的间距可根据开采深度确定，并大致相等；

③观测周期应根据地表变形速度和开采深度确定。

（6）因城市或工业区抽水而引起区域性地面沉降，应进行区域性的地面沉降监测，监测要求和方法应按有关标准进行。

（三）监测纲要及报告编制

不良地质作用和地质灾害的监测，应根据场地及其附近的地质条件和工程实际需要编制监测纲要，按纲要进行。纲要内容包括：监测目的和要求、监测项目、测点布置、观测时间间隔和期限、观测仪器、方法和精度，应提交的数据、图件等，并及时提出灾害预报和采取措施的建议。在进行监测工作过程中或完毕后应提供有关观测数据和相关曲线，并编制观测报告。报告内容包括：工程概况、监测目的任务、监测技术要求、监测工作依据、监测内容、监测仪器设备及监测精度要求、监测点的布置、观测过程及其质量控制、监测数据成果和相关曲线、观测成果分析、结论及工作建议等。

第四节　地下水的监测

当建筑场地内有地下水存在时，地下水的水位变化及其腐蚀性（侵蚀性）和渗流破坏等不良地质作用，对工程的稳定性、施工及正常使用都能产生严重的不利影响，必须予以重视。地下水水位在建筑物基础底面以下压缩层范围内上升时，水浸湿和软化岩土，从而使地基土的强度降低，压缩性增大。尤其是对结构不稳定的岩土，这种现象更为严重，能导致建筑物的严重变形与破坏。若地下水在压缩层范围内下降时，则增加地基土的自重应力，引起基础的附加沉降。

在建筑工程施工中遇到地下水时，施工难度会增加。如需处理地下水，或降低地下水位，工期和造价必将受到影响。如基坑开挖时遇含水层，有可能会发生涌水涌沙事故，延长工期，直接影响经济指标。因此，在开挖基坑（槽）时，应预先做好排水工作，这样，可以减少或避免地下水的影响。

周围环境的改变，将会引起地下水位的变化，从而可能产生渗流破坏、基坑突涌、冻胀等不良地质作用，其中以渗流破坏最为常见。渗流破坏系指土（岩）体在地下水渗流的作用下其颗粒发生移动，或颗粒成分及土的结构发生改变的现象。渗流破坏的发生及形式不仅决定于渗透水流动水力的大小，同时与土的颗粒级配、密度及透水性等条件有关，而对其影响最大的是地下水的动水压力。

对于地下水监测，不同于水文地质学中的“长期观测”，因观测是针对地下水的天然水位、水质和水量的时间变化规律的观测，一般仅是提供动态观测资料。而监测则不仅仅是观测，还要根据观测资料提出问题，制定处理方案和措施。

当地下水水位变化影响到建筑工程的稳定时，需对地下水进行监测。

一、对地下水实施监测的情况

（1）地下水位升降影响岩土稳定时；

（2）地下水位上升产生浮托力对地下室或地下构筑物的防潮、放水或稳定性产生较大影响时；

（3）施工降水对拟建工程或相邻工程有较大影响时；

（4）施工或环境条件改变，造成的孔隙水压力、地下水压力变化，对工程设计或施工有较大影响时；

（5）地下水位的下降造成区域性地面下沉时；

（6）地下水位的升降可能使岩土产生软化、湿陷、胀缩时；

（7）需要进行污染物运移对环境影响的评价时。

二、监测工作的布置

应根据监测目的、场地条件、工程要求和水位地质条件决定。地下水监测方法应符合下列规定。

（1）地下水位的监测，可设置专门的地下水位观测孔，或利用水井、泉等进行；

（2）孔隙水压力、地下水压力的监测，可采用孔隙水压力计、测压计进行；

（3）用化学分析法监测水质时，采样次数每年不应少于 4 次，进行相关项目的分析；

（4）动态监测时间不应少于一个水文年；

（5）当孔隙水压力变化影响工程安全时，应在孔隙水压力降至安全值后方可停止监测；

（6）受地下水浮托力的工程，地下水压力监测应进行至工程荷载大于浮托力后方可停止监测。

三、地下水的监测布置及内容

根据岩土体的性状和工程类型，对于地下水压力（水位）和水质的监测，一般顺延地下水流向布置观测线。在水位变化较大的地段、上层滞水或裂隙水变化聚集地带，都应布置观测孔。基坑开挖工程降水的监测孔应垂直基坑长边布置观测线，其深度应达到基础施工的最大降水深度以下 1 m 处。

地下水监测的内容包括：地下水位的升降、变化幅度及其与地表水、大气降水的关系；工程降水对地质环境及建筑物的影响；深基础、地下洞室、斜坡、岸边工程施工对软土地基孔隙水压力和地下水压力的观测监控；管涌和流土现象对动水压力的监测；评价地下水建筑工程侵蚀性和腐蚀性而对地下水水质的监测等。

参 考 文 献

[1] 李明 . 复杂地质条件下岩土工程勘察技术的应用 [J]. 建筑技术开发，2021，48（21）：157-158.

[2] 黎曜炜 . 高层建筑岩土工程勘察关键技术 [J]. 中国建筑金属结构，2021（10）：116-118.

[3] 王守彪 . 基于复杂地形地质条件下岩土工程勘察技术的研究 [J]. 冶金与材料，2021，41（04）：99-100.

[4] 谢志成 . 城市工民建项目中岩土工程勘察技术研究 [J]. 华北自然资源，2021（04）：28-29.

[5] 王真 . 数字化勘察技术在岩土工程中应用 [J]. 建筑技术开发，2021，48（13）：28-29.

[6] 赵羽，曹启增，王少雷 . 复杂地形地质条件下岩土工程勘察技术分析 [J]. 建材发展导向，2021，19（12）：54-55.

[7] 牟晨 . 矿区的岩土工程勘察技术应用 [J]. 西部资源，2021（3）：81-82+85.

[8] 曹启增，赵羽，王少雷 . 岩土工程勘察技术的应用与技术管理策略 [J]. 智能城市，2021，7（11）：101-102.

[9] 邢继荣 . 岩土工程勘察技术的现状及发展研究 [J]. 大众标准化，2021（11）：33-35.

[10] 杨学锦 . 加强岩土工程地质勘察技术措施的探析 [J]. 居舍，2021（15）：41-42.

[11] 李小牛 . 城市工民建项目中岩土工程勘察技术的应用 [J]. 科技创新与应用，2021，11（12）：161-163.

[12] 廖焱 . 勘察技术在岩土工程施工中的应用 [J]. 中国建筑装饰装修，2021（4）：122-123.

[13] 乔高乾 . 岩溶地区岩土工程勘察技术的探究 [J]. 西部探矿工程，2021，33（4）：15-19+23.

[14] 司云龙 . 探究岩土勘察在岩土工程技术中的现状与发展 [J]. 中国住宅设施，2021（1）：35-36.

[15] 卓帅 . 新时期复杂地质条件下岩土工程勘察技术分析 [J]. 冶金管理，2020（11）：148+150.

[16] 陈亚新 . 建筑工程项目中岩土工程勘察重要技术探析 [J]. 四川建材，2020，46（3）：57-58.

[17] 康果，朱斌，刘君 . 岩土工程勘察技术在复杂地形地质条件下的应用实践 [J]. 世界有色金属，2019（23）：259+261.

[18] 覃菊兰 . 复杂地形地质条件下的岩土工程勘察技术分析 [J]. 工程技术研究，2020，5（1）：97-98.

[19] 杨洁 . 关于复杂地质条件下岩土工程勘察技术的探讨 [J]. 世界有色金属，2019（19）：231+233.

[20] 时艳 . 工程勘察技术在岩土工程勘察中的应用分析 [J]. 建材与装饰，2019（34）：241-242.

[21] 蒋索宇 . 关于岩土工程勘察技术的发展趋势 [J]. 化工管理，2019（30）：199-200.

[22] 林志远 . 浅析岩土工程勘察的意义及其新技术运用 [J]. 西部资源，2019（3）：104-105.

[23] 刘自强 . 分析岩土工程勘察技术的应用与技术管理 [J]. 西部资源，2019（2）：112-113.

[24] 胡学维 . 岩土工程勘察中物探技术及数字化的发展趋势研 [J]. 工程建设与设计，2019（4）：49-50.

[25] 段富平 . 岩土工程勘察技术的应用与技术管理研究 [J]. 绿色环保建材，2018（9）：171-172.

[26] 孟红锐 . 基于复杂地形地质条件下岩土工程勘察技术的研究 [J]. 世界有色金属，2017（21）：161-162.

[27] 聂泽明 . 岩土工程勘察技术的发展趋势 [J]. 中华民居，2012（03）：192.

[28] 穆满根 . 岩土工程勘察技术 [M]. 武汉：中国地质大学出版社 .2016.

[29] 杨绍平，苏巧荣 . 岩土工程勘察技术 [M]. 北京：中国水利水电出版社，2015.

[30] 夏向进 . 岩土工程勘察技术及现场管理研究 [M]. 哈尔滨：哈尔滨工业大学出版社，2019.

[31] 苏燕奕 . 地质勘察与岩土工程技术 [M]. 延吉：延边大学出版社，2019.